西门塔尔牛高效养殖实用技术

程黎明　高 亮　主编

中国农业出版社
北　京

图书在版编目（CIP）数据

西门塔尔牛高效养殖实用技术/程黎明，高亮主编.—北京：中国农业出版社，2021.4（2025.3重印）
ISBN 978-7-109-27992-6

Ⅰ.①西… Ⅱ.①程… ②高… Ⅲ.①养牛学 Ⅳ.①S823

中国版本图书馆CIP数据核字（2021）第038145号

中国农业出版社出版
地址：北京市朝阳区麦子店街18号楼
邮编：100125
责任编辑：弓建芳 刘 伟
版式设计：杨 婧 责任校对：周丽芳
印刷：北京中兴印刷有限公司
版次：2021年4月第1版
印次：2025年3月北京第4次印刷
发行：新华书店北京发行所
开本：700mm×1000mm 1/16
印张：10 插页：2
字数：200千字
定价：45.00元

编者名单

主　编　程黎明　高　亮

副主编　夏春芳　耿　娟

参　编　（按姓氏笔画排序）

王　骁　毋　婷　田　甜　付雪峰　杨志坚

吴翠玲　张玉华　迪力夏提·买买提

贾旭升　夏迪娅·热合曼　黄锡霞　解晓钰

前言
FOREWORD

随着我国肉牛业逐渐向专业化生产方向发展，养殖方式也由农户小规模散养向专业化、规模化养殖转变。我国从20世纪70年代开始重视引种工作，在引入国外优秀的肉牛品种如西门塔尔、夏洛来、利木赞、安格斯和海福特等来改良我国黄牛方面做了大量工作，在提高本地牛生产性能和肉质上也取得了一些成绩。西门塔尔牛作为我国黄牛改良的主要品种之一，在全国各地特别是新疆农区以当地黄牛为母本，利用西门塔尔牛冻精开展人工授精，进行大面积的杂交改良，使西门塔尔牛在数量、生产性能上均不断地发展和提高。为进一步加快西门塔尔牛标准化规模养殖技术的推广和应用，我们组织各方面的专业技术人员编写了本书，主要介绍了标准化养殖场选址建设、圈舍规划设计、营养调控、饲养管理、动物疫病防控等环节，通过这些关键环节技术要点的实施和应用，不断提高养殖场生产技术水平和养殖效益，从而提升西门塔尔牛的饲养管理水平、市场竞争力，促进养殖场提质增效。

我国幅员辽阔，各地人文、气候、生态环境迥异，本书仅能介绍普遍性、通用性、常规性知识内容，无法面面俱到并满足各个地区和每位读者的差异性需求，仅供参考。本书的编写得到众多单位和畜牧业专家的大力支持，在此，表示衷心的感谢！

由于编者水平有限，编写过程中难免有疏漏之处，欢迎广大专家、学者、养殖户等提出宝贵意见，以便我们不断改进完善。

编　者

2020年10月

目 录
CONTENTS

第一章 西门塔尔牛品种简介

第一节　西门塔尔牛的引进

最早在19世纪末，西门塔尔牛由俄罗斯侨民带入内蒙古呼伦贝尔地区，而后与本地牛杂交，最终使这些改良牛成为滨洲牛的育种基础，至后来育成三河牛品种。

1957年，我国正式引入第一批西门塔尔牛至河南省邓县南阳黄牛场，目的是用于改良南阳牛的产奶性能和役力；第二批引入是1960年，由于西门塔尔牛在草料供应不足的情况下仍能表现出较好的产奶性能，结合当时全国耕牛不足的实情，由农业部指示在全国建立十个大家畜繁殖基地县，开展相应的科研和生产建设，使西门塔尔牛良好的生产性能进一步得到提高。

20世纪60年代末70年代初我国畜牧业的发展较缓慢，西门塔尔牛几经迁徙最终落户于吉林省查干花种牛场，并经选育整顿，与当地的三河牛杂交，纯种群和改良群得以扩大。

1981年5月，中国西门塔尔牛育种委员会宣告成立，在对吉林省查干花种畜场西门塔尔改良牛的毛色、角相基因频率和头型变化作出总结后，将三代西门塔尔三河改良牛在头型和角相上符合西门塔尔牛特征，具宽额牛的特点，即达到纯化程度的纳入纯种繁育范围，从而为后期西门塔尔牛的迅速扩群奠定了基础。同时，在农业部畜牧总局统一领导下，以育种委员会为核心，集中精力开展中国西门塔尔牛的育种工作，并制定相应的品种标准。到1985年，全国西门塔尔牛总数已超过3 000头，改良后代50万头，而西门塔尔牛在16个进口牛种的改良牛中所占比重最大。

在中国西门塔尔牛育种委员会的努力下，1986年西门塔尔牛被国家确定为优质草原地区、商品粮基地半农半牧区和丘陵区改良黄牛的主要品种。

1990年4月，中国西门塔尔牛育种委员会第四届理事会在四川阳平牛场召开，品种标准被正式提出并试行。1995年在新疆库车县等南疆地区，用其与哈萨克牛杂交，在初选的改良牛群中建立核心群，用品种标准鉴定和线性体型评定，逐代提高核心群的整齐度和生产性能。到 2000 年，西门塔尔牛改良群已在全国 22 个省、自治区有长足发展。

近 20 年来，以中国农业科学院畜牧兽医研究所为首的一批科研单位和育种站、育种场的科技人员，为育成乳肉兼用型中国西门塔尔牛新品种，分别在新疆、四川、内蒙古、吉林等省（自治区）的 7 个国家级种牛场和 5 个育种基地，进行开放核心育种体系多血缘系的核心群选育，以总性能指数（TPI）进行种公牛评定，利用人工授精（AI）和胚胎移植（ET）等生物技术提高种公牛选育和种子母牛利用强度，并引入以伽玛曲线、肉用体型评定和成母牛线性体型评定的选育手段，提高对乳肉性能选择的准确性；同时通过染色体、血型检测技术进行了种子公母牛遗传种质监测，并建立了计算机育种管理系统，制定了母牛饲养管理规范，种公牛后裔测定规范及品种标准等。

2001 年在内蒙古通辽，中国西门塔尔牛顺利通过国家畜禽品种资源委员会牛品种审定委员会的审定，成为中国牛培育品种中的一名新秀。

第二节　中国西门塔尔牛

一、品种来源

中国西门塔尔牛是由 20 世纪 50 年代、70 年代末和 80 年代初引进的德系、苏系和澳系西门塔尔牛在中国的生态条件下与本地牛进行级进杂交后，对后代改良牛的优秀个体进行选种选配培育而成，属乳肉兼用品种。主要育成于西北干旱平原、东北和内蒙古严寒草原、中南湿热山区和亚高山地区、华北农区、青海和西藏高原以及其他平原农区。它的适应范围广，适宜于舍饲和半放牧条件，产奶性能稳定、乳脂率和干物质含量高、生长快、胴体品质优异、遗传性稳定，并有良好的役用性能。

二、外貌特征

中国西门塔尔牛体躯宽深高大，结构匀称，体质结实，肌肉发达，行动灵活，被毛光亮，毛色为红（黄）白花，花斑分布整齐，头部白色或带眼圈，尾梢、四肢和肚腹为白色，角蹄蜡黄色，鼻镜肉色，乳房发育良好，结构均匀紧凑。

三、生产性能

中国西门塔尔牛（图 1-1、图 1-2）作为我国自主培育的乳肉兼用牛品种，产奶量高、乳品质好，核心育种场头均产奶量 4 500kg 左右，生鲜奶平均乳脂率 4.15％，平均乳蛋白率 3.50％。西门塔尔牛产肉性能良好，犊牛在舍饲条件下日增重可达到 1kg 以上，1.5 岁时平均体重 440～480kg。在短期育肥后，

18 月龄以上的公牛或阉牛屠宰率达 54%～56%，净肉率达 44%～46%。成年公牛和强度肥育牛屠宰率可达 60%以上，净肉率达 50%以上。6～18 月龄或 6～24 月龄的平均日增重：公牛 1.0～1.1kg；母牛 0.7～0.8kg。西门塔尔牛对黄牛改良效果非常明显，其改良后代品种特征明显，生产能力表现良好、适应性强，杂交后代的生产性能提高显著。

图 1-1　中国西门塔尔牛公牛

图 1-2　中国西门塔尔牛母牛

第三节　西门塔尔牛的杂交利用

我国从 20 世纪 70 年代开始重视引种工作，在引入国外优秀的肉牛品种如西门塔尔、夏洛来、利木赞、安格斯、皮埃蒙特和海福特等改良我国黄牛方面做了大量工作，在提高本地牛生产性能和肉质上也取得了一些成绩，但这与我国肉牛产业发展的基本要求还相差甚远。

张鸣实研究杂交方式与产肉性能的关系结果表明，随着杂交代数的增加，产肉性能也随之升高，并且发现从杂交一代（F1 代）到杂交二代（F2 代）升高的幅度最显著；刘晓牧等研究了不同杂交组合的肉牛生长发育及饲料利用率，结果发现，三元杂交组合肉牛的日增重、体尺、饲料利用率等指标均明显高于西门塔尔牛与山东本地牛西杂F2代；张明用黑安格斯（♂）和西门塔尔牛（♀）杂交得到安西杂牛F1代，研究其育肥性能及肉品质，其结果表明，安西杂交F1代牛增重效果相对较好，饲料利用率高，经济效益较高，且屠宰性能及胴体产肉性能较好，肉质较好，成熟速度较快，系水力相对较好。而肌内脂肪酸测定结果表明，杂交F1代牛肉中脂肪酸的营养价值得到明显改善和提高。体尺指标中，安西杂牛体斜长和胸宽大于西门塔尔牛，其他体尺指标均小于西门塔尔牛，且胸深和后腿围差异显著。安西杂牛血清生化指标中总蛋白、球蛋白和甘油三酯的含量低于西门塔尔牛，其他指标均无明显差异。

王志刚等对比分析了德系西门塔尔牛与荷斯坦牛杂交后代（F1代、F2代）与荷斯坦牛泌乳、生长发育、直肠温度和性情评分等性状。综合分析，初步表明西荷杂种牛的综合性能略优于荷斯坦牛。包牧仁等采用现代家畜遗传学同质选配和开放核心群育种体系技术路线，引进美系、加系种公牛及冷冻精液及胚胎，导血选配和纯繁选配，纯种扩繁和扩大改良群相结合，选育西门塔尔牛肉用品系，生长性能明显提高，增幅15%～30%。在常规饲养条件下14～24月龄牛是体重增加和提高牛肉品质的最好时期，育肥出栏最佳年龄为22～26月龄；常规育肥平均日增重达1.32kg±0.18kg，强度育肥120～180d，屠宰率可达到56%～61%，与肉用品种牛接近。

西门塔尔牛作为新疆黄牛改良的主推品种，在全疆各地特别是南疆农区以当地黄牛为母本，利用西门塔尔牛冻精开展人工授精，进行大面积的杂交改良，使西门塔尔牛在数量、生产性能上均有一定发展和提高。新疆伊犁引进德系西门塔尔牛冻精对本地牛进行杂交改良，通过编制地区牛产业发展规划，建立优质冻精使用规章和技术示范、培训制度，引进的德系西门塔尔牛冻精对本地牛群改良效果显著，市场反应良好，每头犊牛售价比本地牛高1 500～2 000元，杂交F1代牛表现出了很好的生长性能，初生重、体尺、生长速度等指标普遍优于本地西门塔尔牛，同时，能够很好地适应本地饲养环境，对农、牧民增收具有积极的作用。

西杂牛是西门塔尔牛的杂交改良后代，西门塔尔牛分为偏乳、偏肉两类，杂交时根据实际需要选择。我国选定乳用方向后，开展级进杂交，提高乳用性能；历经多年牛群改良，特别是F2代以上西杂牛泌乳能力明显增强。王志耕等研究显示，西杂牛乳脂率、乳蛋白率、非脂乳固体含量分别为4.1%、3.95%、9.60%，均优于荷斯坦奶牛。张怀成等通过测定荷斯坦与西杂牛的杂交改良数据分析，F1代676头305d平均产奶量为4 010kg，较西杂牛增加1 173kg，提高41%；乳脂率3.7%，较西杂牛提高0.3%。同时，生长发育良好、抗病力强、乳房炎发病率低。张喜忠等通过红色荷斯坦牛与西杂牛杂交，研究杂交后代的产奶性能，发现F1代305d平均产奶量达4 010.33kg，高于2004年全国成母牛平均水平（3 645kg），接近中国纯种西门塔尔牛平原类型的产量（4 345kg），高于草原型产量（3 907kg）和山地型产量（3 401kg），并有耐粗饲、适应性强等特点。

近年来，我国有关西门塔尔牛的育种技术不断发展进步，并取得了显著的效果，使得种群选育的工作能更有效地实施。但我国目前仍存在肉牛供种依赖于国外、行业缺乏统一管理等因素导致生产的肉牛没有专门的质量监督机构，盲目杂交致使原有优良品种数量下降等问题。因此，西门塔尔牛的育种技术仍然需要更多的研究及实践，以进一步提高育种技术的效果及提高西门塔尔牛的品种质量。

第二章 牛场建设要求

第一节 场址选择

一、养殖场建设的基本要求

1. 生鲜乳生产、储存、运输的要求 要符合国家《乳品质量安全监督管理条例》和相关的地方法律法规。

2. 养殖设施标准规模化 选址布局科学合理，圈舍和环境控制等生产设施设备满足规模化养殖场的需求。

3. 防疫设施完善 科学实施疫病综合防控措施。要有病牛隔离区和病牛舍，对病死牛实行无害化处理。

4. 病死畜及粪污无害化处理 处理设备齐全并运转正常，实现病死畜无害化处理、粪污资源化利用或达标排放，如建设沼气生产设施，利用粪污资源生产有机肥料和沼气。

二、养殖场选址

1. 区域选择 西门塔尔牛属于乳肉兼用型品种，具有优秀的产乳性能，选择在大中城市郊区，养殖数量多、生产水平高、区域内有一定规模的乳品加工企业、牛奶收购市场较成熟的地区。选择区域距离乳品加工企业一般不超过40km，虽然乳品加工企业的收奶区域半径150km，但是加大了运输成本，降低牛场的经济效益，同时也加大了牛奶的运输风险。

2. 场址选择 新建规模化养殖场，严格遵照《中华人民共和国土地管理法》《中华人民共和国环境保护法》和《中华人民共和国畜牧法》等法律法规，合理选择牛品种，在建立规模化、现代化养殖基地时，要根据本地区的土地资源可利用的实际情况以及环境承载能力，充分利用戈壁荒山等可利用的土地，尽可能不占用耕地，严禁占用基本农田。场址应当选择地势比较平坦、周边环境良好，远离居民生活区、人口集中区域，距离主要公路、铁路等交通干线1km以上，与其他养殖场相隔1km以上，气候及自然条件适宜的地区，周边

500m 范围内无大型化工厂、屠宰场等。同时必须符合国家环境保护总局《畜禽养殖污染防治管理办法》和《畜禽养殖业污染防治技术规范》（HJ/T 81—2001）。

第二节　建设布局

牛场规划布局的要求是应从人和牛的保健角度出发，建立最佳的生产联系和卫生防疫条件，合理安排不同区域的建筑物，特别是在地势和风向上进行合理的安排和布局。养牛场通常分成生活管理区、辅助生产区、生产区和病牛隔离和粪便处理区等四大功能区。各区之间要保持一定的距离（图 2-1）。

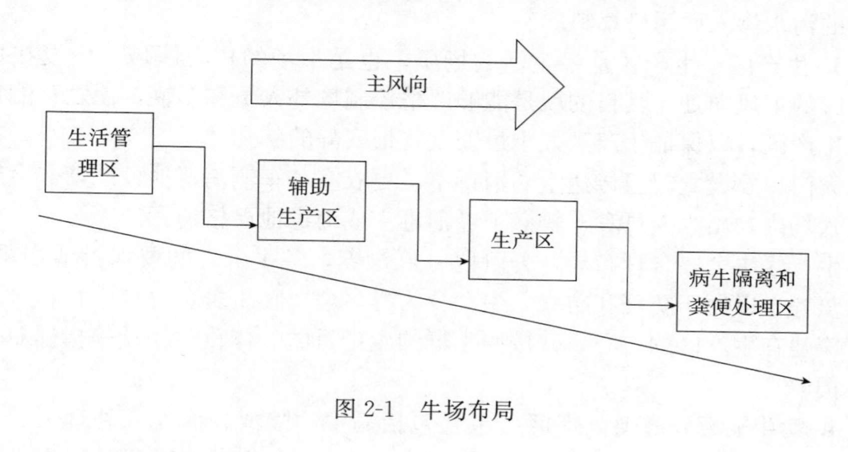

图 2-1　牛场布局

一、场区布局

牛舍应建在场区院内生产区中心，尽可能缩短运输路线，既要利于采光，又要便于防风，修建数栋牛舍时，应采取长轴平行配置，分成若干列，前后对齐，应留足够的运动场。饲料库应靠近饲料加工区且运输方便。

饲养区人员、车辆入口处设有消毒和防疫设施，场区与外界隔离，生活管理区、辅助生产区、生产区、草料供应区、病牛隔离区、粪污处理区划分清楚。犊牛舍、育成牛舍、泌乳牛舍、干奶牛舍、隔离牛舍等分布合理。净道与污道严格分离。

1. 生活管理区　包括经营、管理、财务、档案、实验及接待室。如办公室、职工宿舍、门卫室、更衣消毒室等有关建筑物。管理区应建在牛场入场口的上风处，严格与生产区隔离，保证 50m 以上距离，这是建筑布局的基本原则。另外以主风向分析，办公区和生活区要区别开来，不要在同一条线上。生活区还应在水流或排污的上游方向，以保证生活区良好的卫生环境。为了防止疫病传播，应在牛场（小区）车辆进出口与生产区设有车辆消毒池，对场外运输车辆（包括牲畜）严禁进入生产区。牛场使用车辆车库应设置在管理区。除饲料外，其他仓库也应该设在管理区。外来人员只能在管理区活动，不得随意进入生产区活动。

2. 辅助生产区 包括饲料调制、储存、加工、设备维修等设施，可建在管理区与生产区之间，其面积可按要求决定，但也要适当集中。要本着节约水、方便电线路管道，缩短饲草运输距离等方面考虑，以便于科学管理。

粗饲料库设在生产区下风向地势较高处，与其他建筑物保持 60m 防火距离，兼顾由场外运入，再运到牛舍两个环节。饲料库、干草棚、加工车间和青贮池，可靠近牛舍，便于车辆运送草料，减小劳动强度。但必须防止牛舍和运动场的污水渗入而污染草料。

3. 生产区 生产区是牛生活的场所，也是牛场的核心区域。应设在场区管理区的下风向处，其目的就是能够严格控制场外人员和车辆，使之不能直接进入生产区，以保证生产区处于最安全、最安静的状态。

大门口要设立门卫传达室、消毒室、更衣室和车辆消毒池，严禁非生产人员出入场内，出入人员和车辆必须经消毒室或消毒池严格消毒。

生产区牛舍要合理布局，分阶段分群饲养，各牛舍之间要保持适当距离，布局整齐，以便于防疫和防火。牛舍分为母牛舍、犊牛舍、育成牛舍、育肥牛舍，应建在生产区的中心，并按照牛群的生产目的、体重、年龄等指标对牛群分舍饲养。

4. 病牛隔离和粪便处理区 主要包括病牛的隔离、病死牛处理区、粪便处理区等。此区应设在下风向地势较低处，应与生产区距离 100m 以上，病牛区应便于隔离，单独通道，便于消毒，便于污染处理。病畜管理区要四周砌围墙，设小门出入，出入口建消毒池、专用粪尿池，严格控制病牛与外界接触，以免病原扩散。

粪便处理场所应位于下风向地势较低处的牛场偏僻地带，防止粪尿恶臭味四处扩散、蚊蝇滋生蔓延，影响整个牛场环境卫生。

配套有污水池、粪尿池、堆粪场，污水池地面和四周以及堆粪场的底部要进行防渗处理，防止污染水源及饲料饲草。

二、规划布局应注意的因素

1. 环境条件 一是保证场区内具有较好的小气候条件，有利于牛舍内空气环境的控制；二是便于严格执行各项卫生防疫制度和措施；三是便于合理组织生产，提高设备利用率和工作人员的劳动效率。

2. 地势地形选择 牛场应建在地势高燥、背风向阳、空气流通、土质坚实、地下水位低、排水良好、具有缓坡的平坦开阔地带。地势要向阳避风，以保持场区小气候状态的相对稳定，减少冬春风雪的侵袭。场区地面要平坦而稍有坡度，以便排水，防止积水和泥泞。地面坡度以1%～3%较为理想，坡度过大，建筑施工不便，也会因雨水冲刷而使场地坎坷不平。

3. 避开局部空气涡流　局部空气涡流常常由地质、地形条件所引起，这种情况可造成场区空气滞流，会时常出现空气污浊、潮湿、阴冷或闷热现象，牛舍排出的污浊空气有时会长时间停留和笼罩场区，造成空气污染，因此，常出现空气涡流现象的地区不宜建场。

4. 水源　在生产过程中，牛的饮水、用具的洗涤和生活用水等都需要大量的水。牛场必须考虑有可靠的水源。水源应符合下列标准：第一，水源要充足，能满足场内人畜生产、生活、防火和未来发展需要。第二，水质良好，能符合直接饮用标准的水最为理想。此外，在选择时要调查当地是否因水质不良而出现过地方性疾病。第三，便于防护，以保证水源水质经常处于良好状态，不受周围环境污染。第四，取用方便，设备投资少，处理技术简便易行。

5. 防疫　要求防疫条件要好，牛场应选择防疫条件好的地区，即牛场附近人员流动少，没有地方性传染病的传染源和传染途径，便于防疫。

6. 基础设施　电力供应充足，通信方便，交通便利，有道路通到牛场。没有社会污染源的地方，以便于牛奶的调运，饲草饲料的储备、加工。同时也要注意不污染周围环境，应选在居民点的下风处。

第三节　建设类型

牛舍建筑应满足隔热、保温、通风和采光的要求。可采用砖混结构或轻钢结构。牛舍总建筑面积按照每头存栏牛6～8m^2计算。其他附属建筑面积按照每头存栏牛2～3m^2计算。两栋牛舍间距为檐高3～5倍为宜。

一、牛舍类型

牛舍按照墙壁封闭程度可分为敞篷式牛舍、半开放式牛舍、封闭牛舍、装配式牛舍和棚舍。

1. 敞篷式牛舍　新疆半农半牧区以敞篷式、半开放式牛舍居多。敞篷式牛舍四面无墙，能遮阳、避风雨。敞篷式牛舍防暑降温效果比较好，适用于气候条件较好的地区。

牛舍内中间设有饲喂走道，牛舍直接与运动场相连。牛舍可采用轻钢结构，屋顶为100mm复合彩钢板或石棉瓦。地面可采用混凝土地面或沙土地面，运动场可采用立砖地面。

2. 半开放式牛舍

（1）一般半开放式牛舍　半开放式牛舍三面有墙，向阳一面敞开，有部分顶棚，在敞开一侧设有围栏，水槽、料槽设在栏内，牛散养其中。每舍（群）15～20 头，每头牛占有面积 4～5m^2。这类牛舍造价低，节省劳动力，但冷冬防寒效果不佳。

（2）塑料暖棚牛舍　塑料暖棚牛舍也属于半开放式牛舍的一种，是近年来北方寒冷地区推出的一种较保温的半开放式牛舍。塑料暖棚与一般半开放式牛舍相比，保温效果比较好。塑料暖棚牛舍三面全墙，向阳一面有半截墙，有 1/2～2/3 的顶棚。向阳的一面在温暖季节露天开放，寒冷季节在露天一面用竹片、钢筋等材料作支架，上覆单层或双层塑料，两层膜间留有间隙，使牛舍呈封闭的状态，借助太阳能和牛体自身散发热量，使牛舍温度升高，防止热量散失。

修筑塑膜暖棚牛舍要注意以下问题。

①选择合适的朝向。塑膜暖棚牛舍需坐北朝南，南偏东或西角度最多不要超过 15°，舍南至少 10m 应无高大建筑物及树木遮蔽。

②选择合适的塑料薄膜。应选择对太阳光透过率高、对地面长波辐射透过率低的聚氯乙烯等塑膜，其厚度以 80～100μm 为宜。

③合理设置通风换气口。棚舍的进气口应设在南墙，其距地面高度以略高于牛体高为宜，排气口应设在棚舍顶部的背风面，上设防风帽，排气口的面积为 20cm×20cm 为宜，进气口的面积是排气口面积的一半，每隔 3m 设置一个排气口。

④有适宜的棚舍入射角。棚舍的入射角应大于或等于当地冬至时太阳高度角。

⑤注意塑膜坡度的设置。塑膜与地面的夹角应在 55°～65°为宜。

（3）封闭牛舍　封闭牛舍四面有墙和窗户，顶棚全部覆盖，分单列封闭牛舍和双列封闭牛舍。

①单列封闭牛舍。只有一排采食位，牛舍跨度一般不小于 6m，长度以 60～80m 为宜，高 2.6～2.8m 即可。舍顶可修成平顶、脊形顶、半坡顶或三角顶。这种牛舍跨度小，易建造，通风好，但散热面积相对较大。

②双列封闭牛舍。双列封闭牛舍舍内设有两排牛床、双排采食位，根据牛采食时的相对位置，可分为对头式和对尾式饲喂牛舍。目前，新疆养牛舍多采用两排牛对头式饲喂牛舍，中央为饲喂、人行通道，但也不排除仍有一定数量的原始单排饲喂牛舍存在。

双列封闭牛舍跨度一般不小于 12m，高 2.7～3.5m（牛舍高度也可根据现代饲喂模式全混合日粮设备大小来确定），较多采用脊形顶。双列封闭牛舍适用于规模较大的牛场，以每栋舍饲养100头牛为宜。

（4）装配式牛舍　装配式牛舍以钢材为原料，工厂制作，现场装备，属敞开式牛舍。屋顶为镀锌板或太阳板，屋梁为角铁焊接；“U”字形食槽和水槽为不锈钢制作，可随牛的体高随意调节；隔栏和围栏为钢管。

装配式牛舍舍内设置与普通牛舍基本相同，其适用性、科学性主要表现在屋架、屋顶和墙体及可调节饲喂设备上。装配式牛舍技术先进、适用、耐用和美观，且制作简单、省时、造价适中。

新疆北部地区由于冬季积雪大，承重力也相对增加，可以选择半封闭半坡式或半圆形屋顶牛舍。

（5）棚舍　棚舍或称凉亭式牛舍，有屋顶，但没有墙体。在棚舍的一侧或两侧设置有运动场，用围栏围起来。棚舍结构简单，造价低。适用于温暖地区和冬季不太冷地区的成年牛舍。

炎热季节为了避免牛受到强烈的太阳辐射，缓解热应激对牛体的不良影响，可以修建凉棚。凉棚的轴向以东西向为宜，避免阴凉部分移动过快；棚顶材料和结构有秸秆、树枝、石棉瓦、钢板瓦以及草泥挂瓦等，应根据当地实用情况和固定程度来确定使用的材料。如长久使用可以选择草泥挂瓦、夹层钢板瓦、双层石棉瓦等材质，如果临时使用或使用时间很短，可以选择当地秸秆、树枝等搭建。

第四节　建造要求

牛舍是由各部分组成，包括基础、屋顶及顶棚、墙、地面及楼板、门窗、楼梯等（其中屋顶和外墙组成牛舍的外壳，将牛舍的空间与外部隔开，屋顶和外墙成外围护结构）。牛舍的结构不仅影响牛舍内环境的控制，而且影响牛舍的牢固性和利用年限。

一、基础

基础是牛舍地面以下承受畜舍的各种荷载并将其传给地基的构件，也是墙突入地面的部分，是墙的延续和支撑。

对基础的要求：一是坚固、耐久、抗震；二是防潮（基础受潮是引起墙壁潮湿及舍内湿度大的原因之一）；三是具有一定的宽度和深度。

二、墙体

墙体是基础以上露出地面的部分，其作用是将屋顶和自身的全部荷载传给基础的承重构件，也是将畜舍与外界空间隔开的外围护结构，也是畜舍的主要结构。一般情况下，墙的重量应占畜舍建筑物总重量的40%～65%，造价占总造价的30%～40%。冬季通过墙体散失的热量应该占畜舍总散热量的35%～40%为宜。畜舍内的湿度、通风、采光也要通过墙体上的窗户来调节，因此，墙体对畜舍小气候状况的保持起着十分重要的作用。目前，我区很多牛养殖户对牛舍的建造结构要求依然十分模糊，还需要主管部门给予科学化、规范化的指导，以避免养殖户在建造畜舍时产生过多的疑惑或在建造畜舍时采用的图纸不规范而造成建筑材料上经济损失。

对墙体的要求：一是坚固、耐久、抗震、防火；二是具有良好的保温隔热性能，墙体的保温、隔热能力取决于所采用的建筑材料的特性与厚度，应尽可能选择隔热性能好的材料，保证最好的隔热设计，在经济上是最有力的措施；三是防水、防潮（墙体的防潮措施是用防水耐久材料抹面，如墙裙高度为1.0～1.5cm，勒脚高度约为0.5cm等）；四是结构简单，便于清扫。

三、屋顶

屋顶是牛舍顶部的承重构件和围护构件，由支承结构和屋面组成，主要作用是承重、保温、隔热、防风沙和雨雪。

对屋顶的要求是：一是坚固防水，屋顶不仅承接本身的重量，而且承接着风沙、雨雪的重量；二是保温隔热，屋顶对于畜舍的冬季保暖和夏季隔热都有重要意义。屋顶的保温与隔热作用比墙体重要，因为屋顶的面积大于墙体；舍内上部空气温度高，屋顶内外实际温差总是大于外墙内外温差，热量容易散失或进入舍内；三是不透气、光滑、耐久、耐火、结构轻便、简单、造价便宜，任何一种材质不可能兼有防水、保温、承重三种功能，所以正确选择屋顶，处理好三方面的关系，对于保证畜舍环境的控制极为重要；四是保持适宜的屋顶高度，牛舍的高度依据牛舍类型、地区气温而定。

四、地面

地面的结构和质量不仅影响牛舍内的小气候、卫生状况，还会影响牛体的清洁，甚至影响牛的健康及生产力。地面的要求是坚实、致密、平坦、稍有坡度、不透水、有足够的抗机械磨损能力及抗各种消毒液和消毒方式的能力。

牛舍地面一般采用实体地板。地面有土地面、立砖地面、混凝土地面三种。水泥地面要压上防滑纹（间距不小于10cm，纵纹深0.4～0.5cm），以免牛滑倒，引起不必要的经济损失。

1. 土地面　土地面有三合土地面和沙土地面。这两种对牛最适宜，但不耐用，需经常维护，运动场常采用这两种地面。

2. 立砖地面　立砖地面不如混凝土地面耐用，但保温性能比混凝土地面好，立砖地面不耐水，水浸泡后容易损坏。

3. 混凝土地面　混凝土地面耐用，不容易损坏，但导热快，对牛蹄有损伤。

五、门窗

牛舍门洞大小依据现代标准牛舍设计而定。

繁殖母牛舍、育肥牛舍门宽1.8～2.0m，高2.5～3.5m；犊牛舍、架子牛舍门宽1.4～1.6m，高2.5～3.5m。繁殖母牛舍、犊牛舍、架子牛舍的门洞要求有2～5个（每一个横通道一般都有一个门洞），育肥牛舍1～2个；高2.1～2.2m，宽2.0～2.5m。牛舍门幅的大小主要还是要依饲养模式来确定。

牛舍门窗通常在两端，即正对中央饲料通道设两个侧门，较长牛舍在纵墙背风向阳侧也设门，以便于人、牛出入。门应设计成双推门，不设槛，其大小(2～2.2)m×（2～2.2)m为宜。也可设计成上下翻卷门。

封闭式饲喂窗户应大一些，高度1.5m、宽度1.5m、窗台距离地面1.5m以上为宜，防止牛挤蹭窗户。

第五节　配套设施

规模养殖场配套的设施设备要符合标准化养殖的要求。

一、设施条件

按照牛养殖规模和占地面积，各类圈舍能够满足养殖需要；青贮窖容量能满足全年的需要；配套饲草料加工车间、饲料库房、饲草储存场、牛奶储存间、办公室、兽医室、技术室、消毒室、病畜隔离室、粪污堆积场、人员通道消毒室、大门消毒池等附属设施配套，水、电、路、排污管道齐备；有标准化牛舍5栋以上，每栋建筑面积800m^{2}以上，可饲养牛100头，每栋牛舍配套运动场5 000m^{2}以上；各年龄段牛群、产奶量不同分舍饲养。

二、犊牛岛

规模化牛场应有犊牛舍，犊牛舍内设置犊牛岛。犊牛出生后应分栏饲养，犊牛岛由箱式牛舍和围栏组成。箱式牛舍三面封闭，并加装可开关的通风孔或窗。一面由围栏构成的独立式运动场。犊牛岛内铺设木板，铺垫干草或锯末，便于更换和消毒。犊牛岛尺寸：长220～240cm、宽100～120cm、高120～140cm。犊牛岛应放置在干燥、通风良好的地方，相距一定的距离，确保相邻犊牛不能相互舔舐。犊牛岛应防止夏季过热、冬季过冷。夏季犊牛岛可放置室外，要避免太阳直晒。

三、设备条件

圈舍内有栏杆、食槽、牛床、饮水等设备，具有相应的管道式挤奶设备，并配备应急发电设备；有制冷式牛奶储存罐、能够满足相应规模牛奶生产储存的需要；有较完备的畜牧兽医药品、器械和工具、病死畜无害化处理设备；有饲料加工机组、饲草粉碎机、运输车辆等。推荐使用全混合日粮（TMR）饲喂技术。

四、环境条件

场区干净卫生、环境优美，有集中堆粪处理场，路两边有树林，空地有植被覆盖。生产区与生活区分离、道路分净道和污道。

五、粪污无害化处理

粪污无害化处理原则是无害化和资源化利用。规模化牛场必须建立配套的粪污处理设施，进行无害化处理。

1. 处理利用方法 在新疆境内常见的有沼气生态模式和土地利用模式。

（1）沼气生态模式 有条件的规模化牛场可建设沼气生产设施，生产沼气能源，利用沼渣生产有机肥料，沼液可直接施入农田。

（2）土地利用模式 采取防扬散、防流失、防渗透等工艺建立堆粪发酵场，将固体粪便采用静态通风堆积发酵技术。粪便堆积保持自然发酵温度50℃以上时，应不少于7d；保持自然发酵温度45℃以上时，应不少于14d。粪便经过堆积发酵无害化处理后，可作为农家肥利用。未经无害化处理的粪便不得直接施入农田。

2. 处理要求

（1）规模化牛场应尽量采用干清粪工艺，粪便要日产日清，并将粪便及时运到堆积场所，堆积发酵，及时清运，减少对环境的污染。

（2）实行粪尿干湿分离，雨污分流，分别排放，以减少排污量。

（3）对污水改明沟排放为暗道排放，应用暗道修建防渗沉淀池收集，最终达到无害化减排的目的。

第六节 经济牛场建设典型设计及投资预算

目前，新疆大部分地区主要以散户养殖为主，养殖品种主要为肉乳兼用西门塔尔牛、新疆褐牛、中国荷斯坦牛，受品种、饲养设施、养殖规模、机械化程度、质量安全水平等限制，牛奶产出水平低、养殖效益不高，难以形成商品有效供应市场。同时，受一次性建设投入大，饲草料投入成本高，乳品市场处于培育阶段，乳品加工企业不足等因素影响，涉牧企业、养殖场（户）、合作社建立大型现代化牛场积极性不高，短期内难以通过布局建设牛全产业链的形式，来缓解当前生鲜乳市场供应不足矛盾。

为降低经济牛场建设投入，提高投入产出效益，遵照现代化牛场建设标准及国家有关畜禽标准化规模养殖场（小区）建设规范要求，本着经济实用原则，参照新疆地区规模牛场典型设计，制定如下建设方案以供参考。

一、经济牛场存栏规模及建设指标

存栏生产母牛 50 头左右，牛场总存栏规模 100 头左右，日产鲜奶 1t 以上，产品以育肥牛和生鲜乳形式对外供应。

二、经济牛场建设布局设计

严格遵照《中华人民共和国土地管理法》《中华人民共和国环境保护法》和《中华人民共和国畜牧法》有关规定进行选址布局，鉴于新疆南疆地区经济牛场产品市场定位为满足县（市）牛肉和生鲜乳消费需求的实际，选址应重点布局在县（市）城郊或郊区乡镇，水、电、交通等基础设施完善区域。按照集约节约用地原则，设计存栏 50 头生产母牛牛场场区总占地面积 5 850m^2。生活区面积 665m^2，生产区面积 5 185m^2。具体建筑布局参数如表 2-1 所示。经济牛场建设总平面布局见图 2-2。

表 2-1　存栏 50 头生产母牛的经济牛场主要建筑布局参数

建筑布局	参数	备注
场区占地	5 850m^2	90m×65m
生活区	665m^2	35m×19m
职工宿舍及办公室	140m^2	砖混结构
消毒室	15m^2	砖混结构
卫生间	10m^2	砖混结构
储奶间	35m^2	砖混结构
生产区（包括道路绿化等）	5 185m^2	
单排式牛舍	192m^2	32m×6m 育肥及育成牛舍，半封闭彩钢结构
牛舍运动场	512m^2	32m×16m

（续）

建筑布局	参数	备注
运动场遮阳篷	70m²	10m×7m
双排式牛舍	330m²	30m×11m 生产母牛舍，半封闭彩钢结构
牛舍运动场	512m²	32m×16m
运动场遮阳篷	80m²	10m×8m
饲料库及调制间	60m²	12m×5m
机具库	80m²	16m×5m
草棚	640m³	16m×8m×5m
青贮窖	429m³	（3＋2.5）m×3m÷2×26m×2 座
粪场	240m²	20m×12m 院外布置
外围隔离林带	1 350m²	55m×5m×2 个，80m×5m×2 个

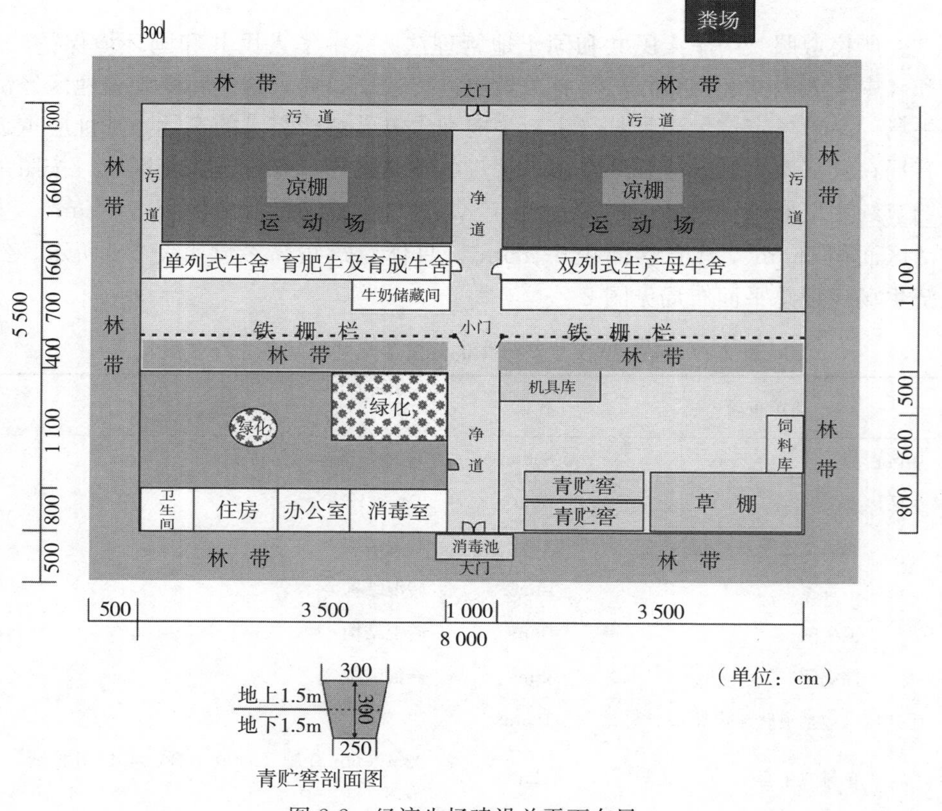

图 2-2　经济牛场建设总平面布局

三、配套机械设备

存栏50头生产母牛的经济牛场配套机械主要有挤奶车、粉碎机、储奶罐等，详见表2-2。

表2-2　存栏50头生产母牛的经济牛场机械设备

设备名称	数量（台/套）	推荐设备	备注
手推式挤奶车	3	利拉伐移动式挤奶机MMU	双筒90kg
全混日粮制备机	1	国科-斯达特（husky120）	$10m^3$
粉碎机	1	圣龙机械粉碎机（420-9FS）	2.5～5t/h
储奶罐	1	江阴港利特GLT-1.5B	1 500L
牛奶运输车	1	小型牛奶运输车	3～5t

四、牛群来源及畜群结构方案

重点从本地区现代化牛场引进。建成后应保持合理的畜群结构，生产母牛应占到50%以上，后备母牛群应占到30%以上。育肥公牛犊及淘汰母牛占比例控制在20%以内。

五、配套饲草料地及饲草料来源

存栏50头生产母牛的经济牛场需配套150亩*左右的饲草料地，主要用于种植青贮玉米或其他高产青绿饲料，自有饲草料地不足的，应通过合规流转或订单的形式保证青饲料供应。优质苜蓿干草、精饲料、育肥及育成用农副秸秆主要从邻近饲草料交易市场购买。

六、经济牛场投资概算

新建存栏50头生产母牛经济牛场约需投资220余万元，其中，基础设施建设投入116.5万元，机械设备购置23.5万元，引进生产母牛60万元。具体投资参考概算详见表2-3。

表2-3　经济牛场投资参考概算

投资项目	单位	数量	单价（元）	合计（万元）	备注
基础设施建设					
卫生间、消毒室、宿舍、储奶间	m^2	200	1 400	28	

* 亩为非法定计量单位，1亩≈$666.7m^2$。

（续）

投资项目	单位	数量	单价（元）	合计（万元）	备注
单排式牛舍	m^2	192	450	8.64	
牛舍运动场	m^2	512	100	5.12	
运动场遮阳篷	m^2	70	100	0.7	
双排式牛舍	m^2	330	800	26.4	
牛舍运动场	m^2	512	100	5.12	
运动场遮阳篷	m^2	80	100	0.8	
饲料库及调制间	m^2	60	800	4.8	
机具库	m^2	80	400	3.2	
草棚	m^2	160	400	6.4	
青贮窖	m^3	429	200	8.58	
粪场	m^2	240	60	1.44	
外围隔离林带	亩	2	1 500	0.3	
围墙	m	300	300	9	
消毒池	个	2	20 000	4	
大门	个	2	20 000	4	
机械设备购置					
手推式挤奶车	个	3	15 000	4.5	
全混日粮制备机	个	1	110 000	11	
粉碎机	个	1	10 000	1	
储奶罐	个	1	30 000	3	
牛奶运输车	辆	1	40 000	4	
生产母牛引进					
育成母牛	头	50	12 000	60	
饲草料地建设					
饲草料地节水改造	亩	150	300	4.5	
其他					
场区硬化、绿化				10	
水电配套				10	
总计				224.5	

七、后期运营管理

牛场建成运营后，生鲜乳通过小型运奶车（冷藏奶罐）送至奶站及固定售奶点销售，在牛场自行开展乳品质量快速检测工作的基础上，由县级畜牧兽医管理部门定期和不定期对牛场及销售点生鲜乳质量进行检测，确保不发生质量安全事故。牛场公犊牛及淘汰母牛经阶段育肥后外售，补充供应县（市）牛肉市场。

第三章 高效繁殖技术

第一节 发情鉴定

一、牛的初情期

后备牛发育到一定阶段，卵巢中的卵泡渐趋成熟，卵泡壁细胞分泌雌性激素并进入血液使母牛的行为和生理产生重大变化，称为发情。每头母牛第一次发情出现的时间，因品种、营养状况和气候等不同因素而有差别。西门塔尔牛的首次发情，一般出现在8～12月龄。观察到第一次发情时，应该是建立该牛繁殖档案的起始日。至14月龄仍无初情征候的，应及时做检查，判断原因并采取措施。西门塔尔牛的初配年龄一般18月龄或体重达380kg时，过早配种会影响母牛的生长发育，过晚配种会影响牛群的经济效益。

二、发情周期

牛出现初情期后，除妊娠及分娩后28d内之外，正常母牛均会周期性地出现发情。从一次发情开始到下一次发情开始之间的时间，称为一个发情周期。西门塔尔牛的发情周期平均为21d。但每一个牧场会因客观条件的不同而有差别。如上海某一大型牧场的统计数为22d。每个授精员都应掌握所管理牛群的发情周期天数和个体牛的发情规律。做到心中有数，按计划实施牛群的繁殖。

三、发情征候

1. 行为变化 敏感躁动，有人或其他牛靠近时，回眸；寻找其他发情母牛，活动量、步行数大于其他牛5倍以上；嗅闻其他母牛外阴，下颌依托其他牛臀部并摩擦；压捏腰背部下陷，尾根高抬；有的食欲减退和产奶量下降；爬跨其他牛或“静立”接受其他牛爬跨，后者是重要的发情鉴定征候。

2. 身体变化 外阴潮湿，阴道黏膜红润，阴户肿胀。外阴有透明、线状黏液流出，或粘污于外阴周围，黏液有强的拉丝性。臀部、尾根有接受爬跨造成的小伤痕或秃毛斑；有时体表潮湿，有蒸腾状；60%左右的发情母牛可见阴道出血，这大约在发情后 2d 出现。这个征候可帮助确定漏配的发情牛，为跟踪下次发情日期或为应用前列腺素调整发情日期提供可靠依据。

3. 观察发情 大多数的母牛发情持续期为 18h 左右；母牛表现发情的时间分布：0：00—6：00 发情 43%，6：00—12：00 发情 22%，12：00—18：00发情 10%，18：00—24：00 发情 25%。发情观察次数和时间见表 3-1。

表 3-1 观察次数和时间

观察次数	观察时间	检出率（%）
2	6：00、18：00	69
2	8：00、16：00	54
2	8：00、18：00	58
2	8：00、20：00	65
3	8：00、14：00、20：00	73
3	8：00、14：00、22：00	73
4	8：00、12：00、16：00、22：00	80
4	6：00、12：00、16：00、20：00	86
4	8：00、12：00、16：00、20：00	75
5	6：00、10：00、14：00、18：00、22：00	91

裸视观察发情是目前最实用的方法；对异常发情、产后 50d 内未见发情的牛，应及时检查和采取措施，使其恢复正常发情。对产后 40～50d 的母牛实施生殖系统普查，尽早克服繁殖系统隐患，是一种值得推荐的方法。依照上次发情记录，推算本次发情日期或用电脑提示，对提高观察发情效率是有益的。

4. 适时配种（表 3-2）

（1）观察 静立、接受爬跨和阴户流出透明量多且具有强拉丝性黏液（黏丝提拉可达 6～8 次，二指水平拉丝后，黏丝可呈 Y 状），是配种最适宜的时段。

（2）检查 通过直肠检查卵巢排卵侧的卵泡已破，形成一个排卵凹窝，是最佳的输精时机。如果卵泡还没有破裂，则应延时输精。经验丰富的人工输精员，通过细致的观察、检查可以掌握最佳输精时段。

表 3-2 发情征候与最佳配种时段的关系

观察项目	发情初期	发情盛期	发情末期
爬跨	爬跨其他牛	静立接受爬跨、爬跨其他牛	拒绝其他牛爬跨
行为	敏感、鸣叫、躁动、多站立与走动、回眸、尾随	尾随、舔其他牛、食欲减退、不安	恢复常态

（续）

观察项目	发情初期	发情盛期	发情末期
阴户	略微肿胀	肿胀，阴道壁湿润闪光	肿胀消失
黏液	少而稀薄，弱拉丝性	最多而透明含泡沫，强拉丝性。二指作拉丝可达6～8次，黏液处可呈Y状	黏稠呈胶状
持续时间	（8±2）h	18h	（12±2）h

整个发情期的征候变化是一个渐进性的过程。发情的持续期具有个体差异性。由于实践操作一日二回的观察发情，因此很少能观察到发情的起始点。“开始发情”的时间多数只能依靠估测。“开始发情”后16～24h（综合判断最佳时机）可视为最佳配种期。通常在早晨发现牛发情的，应在下午输精；在下午发现发情的，应在次日早晨输精。观察到静立、强拉丝黏液征候，即予输精，是最佳的机遇。通常掌握适时配种，输一次精即可。只有当触摸卵泡诊断为延迟排卵时，才需要进行第二次输精。

第二节　妊娠和分娩

一、预产期的推算

为了搞好牛的繁殖工作，做好临产母牛的干奶及接产，推算出准确的牛预产期显得尤为重要。牛的怀孕天数为250～305d，平均为280d，由于受到品种、营养、年龄、产次、胎儿性别、环境、日照以及地理位置等诸多因素的影响，前后10d内均属正常。历来大多数牛场推算牛预产期均采取“月减3、日加6”的方法，有一定的效果但均存在一定的偏差。有畜牧工作者经过多年的生产实践，总结出一种牛预产期的新算法，应用在牛生产当中，效果很好。具体方法如下：口诀是“月减3不变，日期则是5（月份）加4；3、4（月份）加5；7、12（月份）加6；余（其他月份）加7”。此种新算法，一看就懂，容易记忆，预产准确，便于管理。

举例说明：如5月1日配种的，则预产期为2月5日；3月10日配种的，预产期是12月15日；7月20日配种的，预产期是4月26日；1月30日配种的，预产期是11月6日。这里需要指出的是，月份不够减，则应加上12，由于每个月天数的不同，则应加天数有所不同。特别是日期加上天数大于该月份天数，则应在预产月份减去这个月的天数，再进1个月，所剩余的天数，即是牛的预产日期（表3-3）。该牛预产期新算法准确、可靠、实用、无差异，可供大中小型牛场参考应用。

表 3-3 各月份预产期加上的天数

月份	配种日期	预产日期	应加天数（d）
1	1月1—31日	10月8日至11月7日	+7
2	2月1—28日	11月8日至12月5日	+7
3	3月1—31日	12月6日至1月5日	+5
4	4月1—30日	1月6日至2月4日	+5
5	5月1—31日	2月5日至3月7日	+4
6	6月1—30日	3月8日至4月6日	+7
7	7月1—31日	4月7日至5月7日	+6
8	8月1—31日	5月8日至6月7日	+7
9	9月1—30日	6月8日至7月7日	+7
10	10月1—31日	7月8日至8月7日	+7
11	11月1—30日	8月8日至9月6日	+7
12	12月1—31日	9月7日至10月7日	+6
平均			+6.25

二、牛妊娠早期诊断技术

牛妊娠与否直接影响着牛的产乳量与养殖生产的经济效益。通常而言，牛需要进行两次妊娠检查：第一次是在配种后20～45d进行早期诊断；第二次在临近干奶时，目的是防止第一次检查的失误，或中途遇到胚胎死亡、流产及木乃伊等情况。及早对牛进行妊娠诊断，可避免漏配，减少牛空怀时间，提高牛繁殖率，缩短繁殖周期，有利于提高牛产奶量及经济效益。常用的牛妊娠诊断技术有以下几种方法。

（一）外部观察法

配种后的牛在下一个发情期到来时，如不发情，表明可能已经妊娠。但这并不完全可靠，因为有的牛虽然未妊娠，但在发情时征兆不明显（如安静发情）或不发情，而有些牛虽已受胎但仍有表现发情（如假发情）。牛妊娠后，其性情、食欲、膘情及动作行为等会发生一系列变化。进食量和饮水量增加，在妊娠前半期膘情明显好转，被毛变得光亮、润泽，在妊娠后性情安静、温顺、行动迟缓、谨慎，喜静恶动，常躲避追逐和角斗，放牧或驱赶运动时，常落在牛群后面。妊娠中后期，腹部两侧大小不对称，孕侧（多为右侧）下垂突出，肋腹部凹陷，泌乳牛产奶量下降；妊娠6个月后，可在右侧腹壁触到或看到有突起的胎动。育成牛在妊娠4～5个月后，乳房发育加快，乳房体积明显增大，经产牛的乳房多在妊娠的最后1～4周才明显增大和水肿。牛的脉搏、呼吸次数也会明显增加。外部观察法在妊娠中后期观察比较准确，但在妊娠早期较难做出确切诊断，需要与其他方法综合诊断确定。

（二）直肠检查法

直肠检查法是牛妊娠诊断中最基本最可靠的方法，在整个妊娠期均可采用，并能判断妊娠的大致时间，牛的假发情、假妊娠，以及一些生殖器官疾病及胎儿的死活。

妊娠 20～25d，排卵侧卵巢上有突出于表面的妊娠黄体，卵巢的体积大于另一侧，两侧子宫角无明显变化，触摸时可感到子宫壁厚而有弹性。

妊娠 1 个月，两侧子宫角不对称，孕角变粗，质地较软，有波动感，绵羊角状弯曲不明显，用手轻握孕角，从一端滑向另一端，似有胎泡从指间滑过的感觉，若用拇指和食指轻轻提起子宫角，然后放松，可感到子宫内似有一层薄膜滑开，这就是尚未附植的胎囊。非孕侧卵巢体积较小、无黄体，维持原有状态。

妊娠 2 个月，孕角明显增粗，比空角粗 1～2 倍，子宫角开始垂入腹腔，角壁变薄且软，波动感较明显，孕角卵巢前移至耻骨前缘，角间沟变平，但仍可摸到整个子宫。

妊娠 3 个月，子宫颈移至耻骨前缘，角间沟消失，孕角大如排球，子宫壁松软，波动感更加明显，有时可感觉虾动样胎动。此时胎儿发育 15cm 左右，容易触摸到。空角也明显增粗，孕侧子宫动脉基部开始现微弱的特异性搏动。

妊娠 4 个月，子宫和胎儿已全部进入腹腔，子宫颈变得较长且粗，一般只能触摸到子宫的局部及该处硬实的、滑动的、呈椭圆形的如蚕豆大小的子叶，孕角侧子宫动脉有较明显波动。此后直至分娩，子宫逐渐增大，子宫动脉渐渐变粗，并出现更明显的特异性搏动，用手触及胎儿，有时会出现反射性胎动。

妊娠 5 个月，子宫下沉到子宫深部，胎儿和胎动明显，胎儿如猫大小，子宫中动脉明显。

妊娠 6～7 个月，子宫颈退至骨盆内或入口处，能摸到胎儿一部分。子宫动脉有特殊搏动。

妊娠 8～9 个月，胎儿上浮，子宫退至骨盆内或入口处，有时可清楚摸到胎儿头、四肢等部位。

妊娠 90～120d 的子宫容易与子宫积液、积脓相混淆。积液或积脓使一侧子宫角及子宫体膨大，重量增加，使子宫有不同程度的下沉，卵巢位置也随之下降，但子宫并无妊娠症状，牛无子叶出现。积液可由一角流至另一角。积脓的水分被子宫壁吸收一部分，会使脓汁变稠，在直肠内触之有面团状感。不管积液或积脓，在一定时期后，始终不会出现子宫动脉的妊娠脉搏。对于子宫积液、积脓的诊断，可间隔一定日期后再检查以便确诊。

妊娠60～90d的子宫，可能与充满尿液的膀胱混淆，特别是牛妊娠2个月的子宫，收缩时变为纵椭圆形，横径约一掌宽，壁紧张，很像充满尿液的膀胱。但膀胱轮廓很清楚，两侧没有牵连物。牛的子宫前有二角分岔处，后有子宫颈，可摸清楚，所以容易和膀胱区分开来。

直肠检查法的优点是不需要借助任何设备和仪器，在妊娠早期做直肠检查时动作要轻，尤其是不能用手指挤捏早期胚胎；一般在妊娠2个月左右就可以做出准确诊断。但需注意，怀双胎时，多为双侧同样扩大，两个黄体可能在一侧或双侧卵巢上。

（三）听诊法

妊娠后期（妊娠6个月后），使用听诊器，在牛右侧膝皱褶的前方听取胎儿心音。胎儿心音的频率为每分钟100次以上（大多为每分钟110～150次），明显多于母体心音。

（四）宫颈-阴道黏液诊断法

原理：①子宫颈和阴道内的黏液黏性较大，凝固呈块状，加热煮沸时，在很短时间内不溶解，仍保持一定形状，似云雾状，浮游在液体中。②子宫颈和阴道内的黏液中含有一种多糖-蛋白复合物，在碱性物质的作用下，加热煮沸，黏液分解，黏多糖分解出糖，糖遇碱则呈淡褐色或褐色。

1. 煮沸法 ①取少量子宫颈-阴道黏液，加蒸馏水4～5mL混杂，煮沸1min，溶液呈块状沉淀者为妊娠，上浮者为未妊娠。若黏液附着于管壁，则表示牛患有脓性子宫内膜炎。此法可检测出妊娠30d以上的牛。②氢氧化钠溶液煮沸法。取少量子宫颈-阴道黏液，加1%氢氧化钠溶液2～3滴，混合煮沸。分泌物完全分解，颜色由淡褐色变为橙色或褐色者为妊娠；未完全分解的，则可判断为未妊娠。

2. 相对密度法 取少量子宫颈-阴道黏液，放入相对密度为1.008的硫酸铜溶液中，成块状沉淀者为妊娠，上浮者为未妊娠。这是因为妊娠1～9个月的牛子宫颈-阴道黏液的相对密度为1.013～1.016，未妊娠牛的相对密度则不到1.008，因此可利用相对密度为1.008的硫酸铜溶液来测定子宫颈及阴道黏液的相对密度，以判断牛是否妊娠。此法简单易行，其准确率与牛的妊娠天数有关，妊娠天数越长，准确率越高。

（五）超声波诊断法

超声波诊断法是利用超声波的物理性质和动物体组织结构的声学特点密切结合的一种物理学检查法。以兽用超声多普勒检测仪为例，其检测方法如下：探棒插入深度一般为30～50cm，经产牛较青年母牛要深，妊娠期长者较短者要深，探测胎心音或胎血音较宫血音要深些。随机探测时，以直肠检查进行对照，判定妊娠与否。怀孕初期的牛可探测如下几种声响：宫血音（母体子宫中动脉血流音）有类似“啊呼、啊呼”声和蝉鸣声为妊娠，其频率与母体心音同步，呈节律性，声音有振动并拉长。似“呼呼”声则未妊娠；胎心音似马蹄声，为有节律的“咚咚”“扑通、扑通”的双拍声，妊娠早期呈单拍音或“沙沙”声，较弱，节律不明显；胎血音（胎儿动脉血流音和脐带动脉血流音）为一单拍音，音调高而尖锐，有节律，呈“嘟嘟”声，完全与胎心音同步；胎动音似犬吠音，不规律，随妊娠日期的增进而活动增加。宫血音、胎心音和胎血音等3种多普勒信号是早期妊娠诊断的依据，在这3种信号当中只要获得1种信号即可确诊妊娠。

目前，一些大型规模牛养殖场应用兽用B超仪进行牛早期妊娠诊断。兽用B超仪在牛的早期妊娠诊断中有诸多优势，如确诊时间早，图像直观可靠，早确诊，早处理，缩短胎间距，减少一些潜在的损失。检查时必须先掏出直肠内蓄粪，然后将探头送入肛门，再缓缓送向直肠深部，深浅因牛体型和妊娠月份而定。进入直肠后贴近卵巢、子宫进行扫查，在适宜位置上可清楚地看到卵巢发育情况和胎儿发育情况。理论上可通过兽用B超仪检测配种24d后的牛是否有孕囊，判定其是否妊娠。但在早期妊娠检查的实际应用中，以在配种30d后进行为好，这样更容易判定，避免因误诊而造成不必要的损失。超声波诊断法的超声波检测器价格较为昂贵，但准确性比较高。

三、牛的分娩

（一）分娩预兆

根据预产期，可预测母牛分娩日期。临分娩前，母牛体态发生一系列变化。根据其变化，可以较准确的预测分娩时间，从而为接产做好准备。分娩前母牛的主要变化：①乳房膨大，可挤出少量乳汁；②骨盆韧带松弛，产前12～36h荐坐韧带后缘极度松软，尾根两侧明显塌陷；③外阴部肿胀；④精神不安，回顾后腹，食欲减少或废绝。

（二）牛临产前的护理

为了保证牛和牛犊的母子平安，产前的牛需要注意如下几个事项：

1. 实行药物保胎　对正常母牛配种后肌内注射维生素E500mg或在输精后再将0.5%新斯的明溶液2mg注入子宫颈内，可有效地保证受胎和保胎。

2. 促进母牛白天产犊　母牛产犊集中在4—5月，且多数在夜间。照料不周使牛产犊时间过长，会造成产道感染、生殖道损伤等病。同时，也会造成新生犊牛假死、孱弱或感冒等症的发生。实践证明让母牛夜间采食，可促使白天产犊。目前，普遍做法是让妊娠最后1个月的母牛在夜间采食，这样可促使70%以上的母牛在白天产犊。白天产犊便于观察，有利于助产，可避免冬天不良因素的影响，减少产科病，提高牛犊成活率。

3. 加强饲养管理 母牛怀胎后，要加强饲养管理，适当运动。干奶期一般掌握在2个月左右，促使体内营养积蓄，恢复体力和乳腺机能，充分休养生息，确保犊牛顺产。干奶后期要减少精饲料饲喂量，多饲喂粗饲料，以减少产后乳房水肿。

4. 提前消毒 临产的母牛需产前2～3d进入产房，产房必须提前消毒并铺草，并有专人看护。

（三）分娩

牛分娩时，先用温水和来苏儿清洗、消毒外阴部，用湿布擦干后躯，静静等候产出。一般母牛都能自行产出，不必助产。对胎位不正不能自行产出的，可进行人工助产。一般助产是：当胎儿头部露出阴部外，应及时撕破胎膜，要保护好会阴部和阴唇，防止阴唇上下联合撕裂。若是尾位正位产时，要及时迅速抽出胎儿。一般助产是用手或消毒的细绳拴住两前肢系部（或两后肢系部），交助手拉住，术者双手伸入产道，以拇指插入口角，捏住下腭，术者和助手协调动作，随母牛的劲，用力拉（两腿交替拉）。用力的方向应向母牛臀部的后下方，到胎儿产出为止。

（四）初生牛犊的护理

1. 清除黏膜 刚生下的小牛，应首先要用净干草或净布片清除口及鼻孔的黏液，以免妨碍呼吸，若已吸入黏液而造成呼吸困难时，可将犊牛倒挂并拍打其胸部，使之吐出黏液；其次，地面上要铺上干草，让母牛把小牛身上的胎水自然舔干或是擦净其体躯上的黏液，以免受凉，特别是气温较低时。

2. 断脐带 倘若生后的脐带未断裂，就要用消过毒的剪刀在离小牛脐孔20～25cm处剪断脐带（先经2%～5%碘酒消毒后再剪断），然后将脐带里面的血污物挤出一些，再在断口处以碘酒消毒，以免发生脐炎。产双胎时第一个犊牛的脐带应结两道绳结，然后从中间剪断。

3. 喂初乳 一定要使刚出生的犊牛在生后1～2h内吃到初乳。初乳含有培育初生动物所必需的全部营养成分和保护乳畜免受感染的抗体，营养价值高，易于消化，对增强犊牛抗病力起关键作用；初乳中有较多镁盐，有助于胎便排出；同时较高的维生素A和胡萝卜素对犊牛的健康与发育有着重要作用。

四、牛的助产

1. 助产前检查

（1）首先要了解母牛分娩开始的时间，是初产或经产、胎膜是否破裂，有无羊水流出，腹围及母牛大小，检查母牛阵缩和努责是否有力，初产青年母牛常因产道狭窄而难产；经产母畜的难产多由于胎儿的位置、方向、姿势不正。

（2）检查产道是否有黏膜水肿、表面是否干燥和润泽以及有无出血损伤，并注意产道损伤的程度及有无污染和感染。

（3）通过产道检查胎儿时，应注意胎位、胎势、胎向是否正常以及胎儿是否生存和死亡。

（4）检查母牛的全身情况，如精神状态、脉搏、呼吸等，如出现过弱或亢进，心律不齐，要进行输液或强心等治疗措施。

2. 助产前准备

（1）将能站立的母牛置于合适的体位站立保定，如不能站立的可将母牛侧卧于有柔软垫料的地面保定助产。

（2）将助产者的手臂和胎儿露出母体的部分及母牛的会阴、尾根努责处用温水洗净，并将牛尾用细绳拴于体侧，再用0.2%新洁尔灭溶液消毒会阴。

（3）所需接助产器械应要做好仔细消毒；并将2～4条助产棉绳用消毒液浸泡柔软以作牵引胎儿用。

3. 助产注意事项

（1）首先要把胎儿送回产道或子宫腔内、再矫正胎儿的方向、位置、姿势。

（2）强行牵拉胎儿时，操作者配合母牛努责的频率指导其他助手牵拉胎儿的力量、方向和时间，以免损伤产道。注意参与的助手不宜过多，以免造成过度强行牵拉，致使产道撕裂或胎儿损伤。

（3）为了滑润产道和保护黏膜，对难产母牛的产道可注入消毒过的人造石蜡油和药用软皂等润滑剂。

（4）对于矫正胎位无望以及子宫颈狭窄、骨盆狭窄，应及时进行剖腹取胎手术；对胎儿已经死亡的确定产出无望者，可用隐刃刀或绞胎器肢解死胎后分块取出。此时一定要注意产道的保护和助产者自行防护，避免引起母牛产道和助产人员的损伤。

4. 难产的助产

（1）无力分娩母牛的助产，操作者将手臂伸入产道，按照上述注意事项，强行将胎儿拉出。或用催产办法，注射催产素或垂体后叶素等药物，剂量8～10mL，必要时待20～30min后可重复注射一次。

（2）胎儿姿势不正助产，头颈侧弯、胎儿两腿已伸出产道，而头颈弯向一侧，不能产出，操作者将手臂伸入产道检查即可摸到。如果胎儿体型较小，产道润滑且扭转不严重时，可用手将其头矫正。反之，胎儿较大，产道干涩，扭转严重，应先将已伸出的两肢推回产道深处，同时将弯向一侧的头颈矫正。头颈下弯，头颈弯于两前肢之间或侧面，不能顺利产出的，助产时，将伸出产道的胎儿肢体送回于宫腔后，操作者的手臂再沿着胎儿的腹侧深入，至胎儿嘴唇端时以手扣住胎儿唇和下颌，然后用助产叉顶住胎儿的肩部，此时，操作者的手再将胎头拉出伸直的同时，另一手用助产叉将胎畜躯干顶进宫腔，使用相反的作用力，才能将胎儿头部完全矫正。头向后仰或头颈扭转造成的难产，如胎头稍偏，用手扣住唇部将头拉正位即可。如胎头后仰或扭转严重，先将胎儿推进宫腔，并进行矫正后，再以正位拉入产道。前肢以腕关节屈曲伸向产道引起难产时，将胎儿推回子宫，操作者手臂伸入产道，握住屈曲前肢的蹄子，尽力向上抬，再将蹄子拉入骨盆腔内，就可拉直前肢。后肢姿势不正，多发于倒生胎儿的后腿髋关节屈曲，伸向前方，称坐生，此时，和前肢的矫正方法相同，如果胎儿体型不大，可不矫正，强行拉出，但不要拉尾巴，最好拉大腿根。当上述各种不正胎位、姿势矫正后再慢慢将胎儿拖出，如人少拉出有困难，可用消毒的产科绳套住胎儿的某一部位，再由助手顺产道方向牵拉。

5. 助产后的护理

（1）预防感染。助产拉出胎儿后，用0.2%新洁尔灭溶液或高锰酸钾溶液冲洗产道及阴户周围，还可用金霉素粉或土霉素粉涂布产道。

（2）如有产道出血，可肌内注射止血剂，大伤口要做外科处置。

（3）产道正常者可以注射催产素和前列腺素以及维生素 ADE 合剂等，以促使产道收缩和促进胎衣尽快排出。

（4）母牛产后可灌服补气益血的中药组方，可防止产后子宫痉挛性疝痛。产后无力站立和过度虚弱的牛，要及时输液补充营养，尽快使母牛站立，以促进产道恢复和胎衣排出。

（5）母牛产后因失水较多，所以应在胎儿产出后喂给温热、足量的麸皮、盐、钙混合成稀粥15kg左右（麸皮1～2kg、食盐100～150g、碳酸钙50g），可起到暖腹、充饥、增腹压的作用，有利于胎衣的排出和母牛恢复体力。注意食盐喂量不可过大，否则会增加乳房水肿的程度，同时喂给母牛优质、软嫩的干草1～2kg。

（6）胎衣滞留时，应按胎衣不下治疗。

第三节　繁殖新技术

一、同期发情技术

同期发情是指利用某些激素制剂人为地调控雌性动物发情周期进程，使之在预定的时间内集中发情，以便有计划地、合理地组织人工授精和胚胎移植工作的技术。

（一）母牛选择与体况评分

育成牛是最佳选择，育成牛诱导同期发情的发情率要极显著高于断奶经产牛和哺乳期牛，在同期发情处理前两周对母牛进行生殖道评分（RTS）是预测母牛能否受孕的重要手段之一。在国外这项检测技术近几年已经相当普及，但在国内还尚未普及。评分在2以上的才能够进行同期发情，而且待处理牛群中至少50%的牛评分要达到4或者5。具体评分规则见表3-4。

表3-4 生殖道具体评分规则

生殖道评分	子宫角直径（mm）	卵巢参数			
		长（mm）	宽（mm）	高（mm）	卵巢结构
1	<20，未成熟	15	10	8	无能触及到的卵泡
2	20～25	18	12	10	8mm卵泡
3	25～30	22	15	10	8～10mm卵泡
4	30	30	16	12	黄体隐约出现，卵泡>10mm
5	>30	>32	20	15	黄体形成，卵泡>10mm

（二）牛同期发情的不同处理方法

1. 孕激素阴道栓 使用螺旋式（美式，PRID）或Y式（新西兰式，CIDR）栓塞放置阴道栓，9～12d后撤栓，大多数母畜在撤栓后第2～4天内发情，可以在撤栓后56h或第2～4天内加强发情观察，对发情母牛进行适时输精，受胎率更高。一般来说，在撤栓后36～72h内，发情率最高能够达到85%。

2. 前列腺素（PG）**处理方法** 此类方法主要分为一次处理法和两次处理法，一次处理后只有55%～65%的母牛有反应，而两次法能够弥补一次处理法不能够同期发情的不足，通常是在第一次处理后9～12d作第二次处理。PG具有溶解黄体的作用，但它只对功能性黄体（5～18d的黄体）有溶解作用，新生黄体（排卵后5d内）和发情后期黄体（19～20d）对PG不敏感，所以在应用PG法时应该直肠检查或者B超检查卵巢状态，这样才能够更好地发挥PG的效用。

3. 孕激素-$PGF_{2\alpha}$处理法 先用孕激素通过阴道栓处理7d，处理结束后注射$PGF_{2\alpha}$，母牛一般可在处理结束后2～3d内发情并排卵。这可能是由于经过孕激素处理7d后，处理排卵后5d内母牛的黄体已经至少发展了5d，这时对$PGF_{2\alpha}$已经敏感，此时再用$PGF_{2\alpha}$处理后可以获得较高的发情率和受胎率。

4. PRID-$PGF_{2\alpha}$-GnRH处理法 本方法中，第1天用PRID处理，同时注射100μg GnRH，第7天撤除阴道栓，撤栓的同时注射500μg $PGF_{2\alpha}$，第9天注射100μg GnRH，16～24h后定时输精。

5. GnRH-$PGF_{2\alpha}$-GnRH处理法 在发情周期的任何时候注射GnRH，7d后注射$PGF_{2\alpha}$，在48h后再注射GnRH，此种方法一般都是用于定时输精，在注射完最后一次GnRH后16h（8～24h内）对母牛定时输精，此种方法也称为 Ovsynch（OVS）法。

6. Presynch-Ovsynch 处理法 第一次注射 $PGF_{2\alpha}$ 后间隔 14d 再次注射 $PGF_{2\alpha}$，第二次注射 $PGF_{2\alpha}$ 12d 后开始 Ovsynch 程序。有研究证明 Ovsynch 的开始时间与卵泡波的启动有很大关系，过早或者过晚都会影响同期发情的效果，如果第一次 GnRH 处理在优势卵泡形成前或形成后，会导致卵泡不排卵，新的卵泡波也不会形成。

同期发情技术不仅可以促进母牛正常繁殖机能恢复，治疗繁殖障碍，还可以通过与胚胎移植技术的结合，对供体牛与受体牛进行处理，提高母牛繁殖效率，发挥优良母牛的繁殖潜力，同期发情-定期输精法能够缩短牛的空怀时间，降低人工饲养成本，具有很高的推广应用价值。

二、人工授精技术

（一）概述

人工授精技术是家畜繁殖中一项效果非常好、非常成熟的专门技术，在推进品种改良、提高和改善畜产品产量和品质方面意义非常重大。对于牛来说，具有以下优点：第一，可明显提高种公牛的利用率。在自然交配的情况下，一头公牛一次只能配一头母牛，如果用人工授精技术，采精一次就可以配几十头母牛，甚至更多。第二，可明显提高后代遗传水平。种公牛对牛群遗传改良的贡献，可以达到总遗传进展的75%～95%，使用这些公牛冻精，必将会大大提高后代的生产性能。第三，可明显提高受胎率。在采用人工授精技术时，每次输精都使用经过筛选检查的冻精，且选择最适当的发情时机输精，大大提高了受胎率。第四，有效地预防了疾病的传播。采用人工授精，公牛和母牛生殖器官不直接接触，防止了由交配引起的疾病传播，如传染性流产、颗粒性阴道炎、子宫炎、滴虫病等。第五，随着科技的进步，性别控制技术研究在生产中得到越来越多的应用，使用性别控制精液，可以使得产母犊的比例达到90%以上，大大提高了养殖户的经济效益。如果不使用该技术，得到母犊的概率是50%左右。

（二）人工授精技术要点

1. 优质冻精的选择

（1）避免近交　通常使用的冷冻精液都会带有系谱，所谓系谱就是公牛的遗传信息，可以知道所使用的公牛三代内亲缘关系。查看系谱，如果待配母牛是这头公牛的近亲，则尽量避免使用。

（2）查看该公牛是否有后裔测定记录　后裔测定是评定种公牛好坏最有效的方法，只有通过后裔测定的公牛，其冷冻精液才能被广泛采用，其后代的产奶水平才会有明显的提高。

（3）优质优价 经过后裔测定的公牛冷冻精液价格是不等的。对后代产奶量有显著提高的冷冻精液，其价格自然要高，而表现平庸的公牛，其价格就低。养殖者要根据自身需要，有选择地购买公牛的冷冻精液。

（4）选用牛细管冻精 因为细管冻精是经鉴定为良种牛并编号的冻精，系谱档案清晰，能避免近亲繁殖，防止生产性能降低，并便于档案登记。细管冻精输精操作简便，受胎率也高于颗粒冻精。

2. 授精前的准备

（1）授精器械、物品的准备 液氮罐、液氮、输精枪、输精枪外套、镊子、细管冻精、细管剪、温度计、温水、一次性手套、常用消毒剂等。

（2）母牛的准备 将母牛置于保定栏内，把牛尾拉向一侧，用温水冲洗牛外阴部，再用2%来苏儿或0.1%新洁尔灭溶液消毒，最后用干净的毛巾擦干消毒液。

（3）精液的准备 用镊子从液氮罐中迅速取出一支细管冻精，立即投入到38～40℃的温水中，摆动10s左右使其融化，擦干细管上的水珠，用细管剪剪掉细管封口端1cm左右，装入输精枪外套中，细管冻精封口端在前，棉塞端朝后，然后把输精枪伸入外套中，使输精枪的直杆插入细管的棉塞端，缓慢向后移动外套，把外套固定在输精枪的螺丝扣处。

3. 直肠把握输精法（简称直把输精） 操作者提前将指甲剪短修平，两手及手臂充分洗净消毒，手指并拢成锥形，缓缓插入直肠，排除宿粪（最好采用空气排粪法，即用手指扩张肛门让空气进入，诱导母牛排除宿粪），一般用左手伸入直肠后，手心向下，手掌展开，手指微曲，在骨盆底部下压，先找到像软骨一样手感的子宫颈，然后握住子宫颈后端，左手肘臂向下压，压开阴裂，右手持输精枪，由阴门插入。先向上前方插入一段，以避开尿道口，然后再向前方插入至子宫颈口，左右手配合绕过子宫颈螺旋皱褶，通过子宫颈内口，到达子宫体的底部，然后将输精枪再向后稍微后撤一点，推动输精枪直杆，将精液注入子宫内，最后缓慢抽出输精枪，整个输精完毕。

4. 输精部位的选择 正常情况下输精枪只要通过子宫颈口，到达子宫体底部即可输精，这样无论哪侧卵巢排卵，都可以保证有精子抵达受精部位，如果直肠检查技术熟练，并可以确定卵泡位置，也可将精液输到卵泡侧子宫角基部。

5. 输精时注意事项

（1）隔着直肠握子宫时，如直肠壁过于紧张，不要硬抓，要稍停片刻，待肠壁平缓松弛后再抓，以免导致直肠破裂或损伤。

（2）母牛摆动较剧烈时，应把输精枪放松，手要随牛的摆动而移动，以免输精枪损伤生殖道内壁。

（3）输精器进入阴道后，当往前送受到阻滞时，在直肠内的手应把子宫颈稍往前推，把阴道拉直，切不可强行插入，以免造成阴道破损。

（三）常见输精技术障碍

1. 输精枪不能顺利插入阴道 这种现象多是因为输精枪插入方向不对，受阴道壁弯曲所阻、母牛过敏、误入尿道或母牛抵抗、操作粗莽。如果插入方向不对，可先由斜下方插入阴道 10cm，再向平或向下方插入（因为老母牛阴道松弛，多向腹腔下部沉降）。如果是被阴道壁弯曲所阻，可用在直肠内的左手整理，向前拉直阴道。如果母牛过敏，可有节律地抽动左手或轻搔肠壁，以分散母牛对阴部的注意力。对于误入尿道的，抽回后，让输精枪尖端沿阴道壁前进，即可插入。

2. 找不到子宫颈 多见于育成牛、老龄母牛或生殖道闭缩的母牛。青年母牛子宫颈往往细小如手指，多在近处可以触到，老龄母牛子宫颈粗大，往往随子宫沉入腹腔。需提出的是，凡是生殖道闭缩的母牛，如果检查骨盆前无索状组织（即子宫颈），则一定是团缩在阴门最近处，用手按摩，使之伸展。

3. 输精枪对不上子宫颈口 多由左手把握过前，有皱褶阻挡，偏入子宫颈外围或被中间口内皱襞阻挡所致。操作者可将手臂稍后退，把握住子宫颈口，防止子宫颈口游离下垂，随即自然导入。如有皱襞阻挡，需把子宫颈管前推，以便拉直皱襞。若偏入子宫颈外围，需退回输精枪，用左手拇指定位引导插入子宫颈口。若被子宫颈口内壁阻挡，可用左手持子宫颈上下扭动，扭转校对后慢慢伸入。

三、性别控制技术

20 世纪 50 年代，细胞学技术迅速发展以及人工授精技术和胚胎移植技术的应用，使性别控制技术得到了快速的发展。低等动物的性别控制（如鱼类等）可以通过性反转、人工雌核或雄核的发育、种间杂交、三倍体不育等技术实现，而家畜的性别控制主要有三条途径：一是 X 精子、Y 精子的分离；二是胚胎的性别鉴定；三是控制母畜的授精环境。

（一）X 精子、Y 精子的分离

哺乳动物的性别是由 X 染色体和 Y 染色体决定的，牛共有 60 条染色体，其中 58 条为常染色体，另外两条为性染色体。由于 X 精子和 Y 精子之间存在着微弱的差异，因此可根据 X 精子和 Y 精子不同的物理性质（体积、密度、电荷、运动性）和化学性质（DNA 含量、表面雄性特异性抗原）将其分开。从方法学的角度可以分为物理分离法、免疫分离法、流动细胞分离法。前两种方法虽有成功的报道，但分离的效率较低，重复性很差。目前，流动细胞分离法重复性好，准确率较高，是研究进展较快且有发展前景的分离方法。

（二）胚胎的性别鉴定

胚胎移植技术现在已经被大量地应用于畜牧生产中。在移植前对胚胎进行性别鉴定，人为地选择某一性别的胚胎给受体，可以达到性别控制的目的，尽管此方法有一定的局限性，但仍是家畜后代性别控制的主要途径之一。经过科学工作者长期的研究和探讨，胚胎性别鉴定技术已有了长足的进步，有些已应用于实际生产。鉴定的方法主要有细胞遗传学方法、免疫学方法、分子生物学方法。

（三）控制母畜的授精环境

关于动物性别形成的理论和学说有很多，但公认的比较有实践意义的除了性染色体理论、基因平衡理论外，还有环境条件理论。现代遗传学实践证明，哺乳动物的表型性别都是基因型与环境条件相互作用的结果，即性别的形成既受遗传因素决定又受环境条件影响。国内外有许多关于通过控制母畜授精环境使其所产生的后代的性比例发生变化的报道。这些控制措施可归纳为以下几个方面：一是控制输精时间；二是调整子宫颈内黏液的 pH；三是改变冻精的解冻温度；四是利用外源激素；五是多重处理措施。这类方法虽有结果不稳定，性别比例变化有限等弊端，但操作简单，在生产中很容易推广，有一定的使用价值。

四、胚胎移植技术

（一）概述

牛胚胎移植的商业化应用开始于 70 年代初期。当时，必须通过手术方法才能采集胚胎，由于牛的乳房影响手术的顺利进行，手术后往往还会影响牛以后的繁殖性能，因此，胚胎移植主要在羊中应用。1976 年，一些研究小组报道了应用导管高效采集胚胎的非手术方法。随后，胚胎移植在牛中的应用得到了飞速发展。1974 年，第一头胚胎移植登记荷斯坦牛在美国出生。70 年代后期，胚胎移植（ET）登记荷斯坦牛的数量每年以 100%以上的速度增长，1980 年达到 8 298 头。进入 80 年代后，随着非手术采胚法和移植技术的改进以及胚胎冷冻保存技术的发展，每年 ET 登记牛的数量在稳步增长，至 1990 年达到 18 727 头。截至 1991 年，美国登记的胚胎移植荷斯坦牛总数已达到 142 598 头。目前，44%的荷斯坦优秀种公牛是由胚胎移植培育的。70 年代以来，胚胎移植在发达国家中的增长速度有所减缓，但是技术含量越来越高，如体外受精胚胎生产技术、转基因技术以及克隆技术的应用和研究得到加强。近几年来，胚胎移植在亚洲和南美一些国家中增长速度很快。从整个世界范围来看，牛胚胎移植的增长速度仍然很快。

（二）胚胎移植技术分类

1. 体内受精胚的移植

（1）超数排卵　在常规胚胎移植技术中，获得大量可用胚胎的主要途径是超数排卵（简称超排），因此，高效率的超排技术是胚胎移植技术能否在生产中推广应用的关键。应用于牛的超排激素主要有 PMSG（孕马血清促性腺激素）和 FSH（促卵泡素）。PMSG 尽管只需一次性注射，省时省力，但是半衰期过长，可以导致卵巢的过度刺激以及对排卵、受精和随后的胚胎发育产生不利的影响，因此现在一般已不采用 PMSG 对牛进行超排处理。目前广泛应用于母牛的超排激素是 FSH。用于牛超排的商品 FSH 均是从屠宰家畜的脑垂体中提取的，脑垂体不但能够分泌 FSH，而且还能分泌 LH，因此商品 FSH 制剂中都含较高水平的 LH，不同厂家或同一厂家不同批次 FSH 制剂中的 LH 含量差异很大，所以商品 FSH 制剂的超排效果很不稳定。从理论上讲，在卵泡发育的早期，只有 FSH 对卵泡生长起启动和刺激作用，LH 不起作用。只有在卵泡发育的晚期，卵泡颗粒细胞才开始出现 LH 受体，此时 LH 和 FSH 才起协同作用，共同促进卵泡的进一步生长和类固醇激素的合成。LH 和 FSH 的协同促卵泡生长作用必须有一个合适的比例，LH 含量过高可以导致生长卵泡的闭锁或黄体化。这一机理就是商品 FSH 制剂超排效果不理想的重要原因之一，国内外的许多报道事例已经证明了这一点。目前，加拿大生产的超纯度 FSH（商品名 Follrtropin）是世界公认的最理想的牛用超排药物。试验表明用 Follrtropin 进行的大规模商业超排处理结果显示，平均 A、B 级胚胎数为 8.8 枚/头次，利用国内生产的提纯的 FSH，在十三个牛育种场进行了大规模超排试验，试验结果表明该激素的超排效果有些批次的效果很好；有些批次效果不理想。另据报道，牛的超排效果和摄入的营养水平有很大关系。牛为产奶目的而饲喂的日粮一般为高蛋白低能量日粮，即蛋白水平一般为 17%；但这种日粮不利于牛多出胚胎。为了使牛多出胚胎，应降低日粮的蛋白水平，增加能量水平，最理想的办法是在超排处理前两周时，将蛋白水平降至 12%，同时补饲大麦、玉米等高能量饲料。此外，在超排前适当补充复合维生素制剂也有利于提高牛的超排效果。

（2）超数排卵方法　超数排卵（超排）的目的是为了增加有活力卵子的数量。通常在供体牛发情周期的功能性黄体期，一般在母牛发情周期的 9～14d，肌内注射 PMSG 或者 FSH，以刺激卵巢产生额外的卵泡。待处理后供体牛再次发情时静脉注射 LH 或者 HCG，以诱导卵泡排卵。但对成年母牛一般不需要外源 LH 或者 HCG。

近年来，由于 $PGF_{2\alpha}$ 及其类似物如前列烯醇在超排方法上的应用，增加了超排处理的机动性，可在供体母牛发情周期的功能性黄体期的任何一天处理，而且增加了可用胚胎的比例。母牛在 PG 注射后的 2～3d 大多出现发情。

对超排处理的供体牛输精需 2～3 次，间隔 12h，每次的输精量要大于正常的输精量，应保证有足够的有效精子。

（3）供体和受体牛的准备　供体牛选择的首要条件是其遗传学价值及其健康和繁殖情况，所以，确定供体前需做必要的检查，经确定后要加强饲养管理，观察发情，确定正确的发情周期。每头供体牛需要准备 5 头受体牛，两者的发情开始时间前后相差不超过 1d。

在一般情况下，不易找出若干头自然发情与供体牛发情时间相同的受体牛，所以在胚胎移植时往往采用对供体牛与受体牛进行同期发情处理。同时对供体牛进行超数排卵处理。

（4）胚胎移植　在胚胎移植中，胚胎最终必须移植到合适的受体牛中才能受胎妊娠，产下优秀后代，因此受体牛的准备非常重要。在准备受体牛时，除了无繁殖疾病等要求外，重点应该考虑发情同期性问题。一般来说，受体牛与供体牛发情同期差在±1d 内时，即发情后第 6～8 天的受体牛受胎效果比较理想。许多研究结果证明，发情时间早于供体牛的受体牛，其移植受胎率高于发情时间晚于供体牛的受体牛，如发情后第 3 天的受体牛，其移植受胎率高于发情后第 5 天的受体牛。其原因可能是发情后第 3 天的受体牛，其黄体功能更完善。

综上所述，要提高胚胎移植受胎率必须在同期性上选择合适的受体牛。此外，对于发情时间稍晚于供体胚胎日龄的受体（即不到发情后第 7 天的受体），注射孕酮有利于受胎。

2. 体外受精胚的移植

（1）卵母细胞采集和体外成熟培养　将屠宰后的牛卵巢用灭菌生理盐水将卵巢洗涤 3～5 次，除去表面血迹，盛于大烧杯中。用吸水纸将表面擦干。然后用吸有少量采卵液的 5mL 一次性注射器和 18 号针头，从卵巢表面 2～6mm 的卵泡内抽吸卵泡液及卵丘-卵母细胞复合体（Cumulus oocyte complexes，COCs），注意不要将血液混入卵泡液中，以免影响卵母细胞的体外成熟和受精。将抽取的卵泡液和 COCs 注入灭菌试管内，于 38.5℃恒温水浴锅内静置 15min，弃取上清液，将下层液体倒入直径 690mm 的灭菌培养皿内，在体视显微镜下采卵。

（2）体外受精和胚胎发育　将冷冻精液在 38℃恒温水浴锅中溶解，用灭菌吸水纸擦干精液管外水分，置于 10mL 灭菌离心管中，缓慢加获能液至 8mL，用 2 000r/min 离心 5min，去除上清。重复定容离心一次，弃去上清，留置 1mL，用血球计数板检测精子浓度，用受精液将精子浓度稀释至（5～7）$\times 10^5$ 个/mL。观察精子活力，并制成 0.4mL 的浮游小滴。

将体外成熟的卵母细胞，在受精液中洗2次，每个受精小滴中移入20～25枚卵母细胞，在CO_2培养箱（38.5℃、5%CO_2、95%空气）中体外受精5h后。用成熟培养液将受精卵洗2次，然后将受精卵转移含卵丘细胞的成熟培养基中，继续培养（38.5℃、5% CO_2、95%空气）43h。观察卵裂率，继续培养至囊胚，用于移植或冷冻。

（三）开展牛胚胎移植需要做的准备工作

1. 胚胎移植人员的准备 在牛的胚胎移植中，供体的超数排卵、采胚、受体的选择、同期发情、发情鉴定、非手术移植、胚胎的冷冻和解冻、胚胎的质量评定和分级等，都需要实践的积累，尤其是直肠检查等需靠手感觉的技术。培养一个熟的技术人员需要2～3年的时间。本项技术的操作对卫生和无菌要求也较高。由于技术环节多，环环相连，一个环节的失误将导致整个操作过程的效率下降和失败。操作过程中的质量控制和技术把关十分重要。

2. 胚胎移植的环境问题 要有一个能满足胚胎离体条件下短时间内不被污染和生活能力不受影响的环境条件，配备相应的仪器设备，适宜而稳定的温度条件等。这些条件虽然不甚复杂，投入也不算大，但必须按要求认真设计、购置和安排。

3. 胚胎来源 胚胎移植产业化中，最关键的条件之一是要有稳定的胚胎来源。目前，国外平均每次每头供体可生产可用胚6～8枚，国内一般在6枚左右。只有建立或确定相应的供体群才能保证胚胎的供应。其次，可利用胚胎切割和其他胚胎生物技术，如胚胎卵裂球和分离培养、性别鉴定等，增加胚胎的利用率和扩大胚胎的来源。

4. 受体母牛的选择 受体牛与供体牛在遗传和生产性能上相差越大，在牛改良上意义越大，两者市场价格相差越大，牛胚胎移植技术的经济回报越好。在选择受体母牛时，我们还需要考虑总体效益。利用当地土杂种母牛作受体，一代换种，改良效果显著，在农牧区农户饲养时，成本低，投入少，但是如果是舍饲集中饲养，则成本较高。受体牛必须健康，有正常的繁殖力和发情周期，并且发情天数与供体牛或胚龄相同。我国农牧区受营养状况和饲养管理条件的影响，利用当地黄牛作受体，受胎率通常低5%～10%。

5. 有效的组织工作 胚胎移植要求各环节的时间及处理程序十分严格，在产业化的实际操作中组织工作非常重要，在某种程度上讲，往往组织工作比技术工作的难度更大，不重视这个问题很可能导致事倍功半或前功尽弃。从技术实施的角度来说，开展胚胎移植工作只要有供体母牛制作好的胚胎、一定数量的受体母畜、技术人员和设备即可。目前多数地方的组织工作并不理想，工作点分散，可用牛的数量少，工作效率低，非完善不可。

（四）利用胚胎移植技术提高土种牛养殖的经济效益

一是胚胎移植可最大限度地发挥良种母牛的繁殖潜力。母犊卵巢上约有12万个原始卵泡，10岁左右的母牛卵巢上仍有约25 000个卵泡。牛的繁殖周期较长，依靠自然繁殖，无论多么优秀的母牛，一生只能产10头左右。利用胚胎移植技术优秀母牛每年可获得5～16头后代，技术水平高者可获得30～50头后代，超过它一生的繁殖成绩，迅速扩大良种的数量。二是用胚胎移植技术可以扩繁良种牛。从国外或国内购买优秀良种胚胎，直接移植给本地黄牛，每枚胚胎的价格约1 500元，每出生一头良种，胚胎移植费用为1 000元，加上母牛饲养费、犊牛饲养费及人工成本，总费用约为10 000元，而到一岁左右的良种牛市场售价约为20 000元。如果把母牛犊继续培养至18月龄，进行超数排卵生产胚胎，每年可生产胚胎10～20枚，收入约为20 000元。从国内外购进成年优秀良种牛，通过超数排卵生产胚胎，移植给本地黄牛，购买成年良种牛母牛约需20 000元，每牛可生产胚胎10～20枚，收入约为20 000元。三是利用胚胎移植技术可大量扩繁良种牛群。在我国农区，养牛一般以役用黄牛为主。如果产的牛犊是黄牛犊，一般母牛犊3 000～4 000元，公牛犊2 000～3 000元。若采用胚胎移植技术，让黄牛怀上良种牛，按目前市场价格西门塔尔牛小母牛（或育成牛）3～8月龄，8 000～12 000元；母牛8～18月龄，12 000～22 000元；前三胎经产母牛（带胎3～8个月，带奶），25 000元左右，效益可观。

第四节　杂交改良技术

一、西门塔尔牛杂交利用情况

牛经济杂交多用于生产型牛场，特别是用于黄牛改良。牛的改良和牛的牛肉生产，其目的是利用杂交优势，获得具有高度经济利用价值的杂交后代，以增加商品牛的数量和降低生产成本，获得较好的经济效益。西门塔尔牛在我国作为主要的杂交改良父本已经应用多年，效果非常显著，特别在新疆地区作为黄牛改良的主导品种，深受广大农牧民的欢迎。研究表明其优秀的适应性和生产性能在各地的杂交利用效果突出，生产性能提升明显。

1. 杂交的意义　不同种群（品种或品系）个体杂交的后代往往在生活力、生长势和生产性能等方面存在一定优势，优于其亲本纯繁群平均值，这种现象称为杂种优势。杂交可以改变遗传结构，迅速提高低产群的生产性能。牛杂交的作用除基因杂合效应产生杂种优势外，还会因基因重组创造新的家畜类型。杂交普遍用于品种改良或育成新品种（品系）等技术环节。

2. 杂交优势

（1）增大体型结构　不少地区的黄牛（泛指土种牛），体型偏小、后躯发育较差、出肉率较低，经过改良后，杂种牛的体型一般比本地黄牛增大30%左右，体躯增长、胸部宽深、后躯较丰满、尻部宽平，后躯尖斜的缺点能基本得到改进。

（2）提高生长速度　本地黄牛最明显的不足之处是生长速度慢、成年体重小，经过杂交改良，其杂交后代作为肉用牛饲养，生长速度明显提高。据山东省的研究资料显示，在饲养条件优越的平原地区，本地公牛周岁体重仅有200～250kg，而杂种牛（西门塔尔牛杂种）的同龄体重可以达到300～350kg，杂种牛比本地牛提高了40%～45%。

（3）提高出肉率　经过育肥的杂交牛，屠宰率一般能达到55%，一些牛甚至接近60%。如利用安格斯牛与本地黄牛进行杂交，可吸收其体躯丰满、增重快、肉质好、饲料利用率高、产肉性能好等优点，同时又保持了本地黄牛抗病耐粗饲的特点，改良肉质效果显著，可获得较大经济效益。研究表明杂交牛在良好饲喂条件下20月龄平均体重可达400kg左右，其屠宰率为54.9%，净肉率为42.09%，分别较本地黄牛高出25%和26.5%。据国外研究报道，通过品种间杂交，可使杂交后代生长速度加快，屠宰率高，比原纯种牛多产肉15%左右。

（4）增加养牛的经济利润　杂交能够明显提高个体单产，缩短饲养周期，降低养牛的成本，提高经济效益。杂种牛继承了引进品种牛生长速度快、产肉率高的优点。因此，杂种牛出栏上市早，同等条件下其出栏时间比本地牛几乎缩短了一半，并且杂种牛保持了本地品种牛耐粗饲的特点。同等饲养条件下，饲料转化效率与本地品种牛相比有很大提高，饲养周期缩短，饲养成本降低。美国曾以几个牛品种与美洲野牛杂交，并培育出名叫“比法罗”的新品种，这种牛既耐热又抗寒，耐粗饲，肉质好，增重快，牛肉的生产成本比普通牛低40%左右。此外，杂种牛保持了本地品种适应性强、抗病力强、耐寒和耐热的特点，这些都在一定程度上降低了养牛的成本，提高了养牛的经济利润。

二、杂交改良模式

1. 二元杂交模式　又称两品种固定杂交或简单杂交。即利用两个不同品种（品系）的公母牛进行固定不变的杂交，利用一代杂种的杂种优势生产商品牛。这种杂交方法简单易行，杂交一代都是杂种，具有杂种优势的后代比例高，杂种优势率也高，但是这种杂交方式最大的缺点是不能充分利用繁殖性能方面的杂种优势。

通常以地方品种或培育品种为母本，只需要引进一个外来品种作父本即可，数量不需太多，即可进行杂交。如利用西门塔尔牛、夏洛莱牛或安格斯牛杂交本地黄牛。

进行二元杂交时，配种的母牛一般选择本地母牛，而公牛则选择优良种牛，产生的一代杂交牛可作为商品牛育肥。

2. 三元杂交模式 三元杂交又称为三品种固定杂交。从两个品种杂交得到的杂种一代母牛中选留优良的个体，再与另一个品种公牛进行杂交，所生后代全部作为商品牛育肥。第一次杂交所用的公牛品种称为第一父本，第二次杂交所用的公牛品种称为第二父本或终端父本。这种杂交方式由于母牛是一代杂种，具有一定的杂种优势再杂交，可望得到更高的杂种优势，所以，三品种杂交的总杂交优势一定会超过两个品种间的杂交效果。

新疆较多使用的杂交方式主要以西门塔尔牛、夏洛莱牛、安格斯牛等良种牛作父本，以本地黄牛（土种牛）作母本进行杂交改良。利用良种牛与本地黄牛杂交，其杂交后代普遍具有耐粗饲、适应性强、生长快的特点，初生重、日增重、屠宰率、肉质品质等都有显著提高，表现出良好的杂交优势。

改良后的犊牛具有体型大、增重快、产肉率高等特点。杂交犊牛在良好环境条件下，哺乳期日增重为0.6～1.14kg，10月龄体重比本地黄牛提高47%～87%。

进行三元杂交或终端杂交时，应选择杂交一代或二代的母牛。

3. 级进杂交模式 两个品种杂交，其杂种后代连续几代与其中一个品种进行回交，最后所得的畜群基本上与此品种相近，同时亦吸收了另一品种的个别优点。级进杂交通常有两种方式。若某一品种生产低劣，可将该品种母畜与另一高产品种的公畜杂交，其杂种后代连续3～4代与高产品种回交，后代保留低劣品种个别优点，生产性能接近或超过高产的优良品种。这种级进杂交方式常称为改造杂交或改良杂交。若某一品种基本上能满足需要，但个别性状不佳，难以通过纯繁得到改进，则选择此性状特别优良的另一品种进行杂交改良。杂种后代连续3～4代与原有品种回交，可纠正原有品种的个别缺点，以提高畜群的生产性能。此方式常称为引入杂交或导入杂交。

用本地黄牛母牛与西门塔尔公牛杂交，产生西杂一代，挑选出乳用性能较好的西杂母牛，再与德系西门塔尔公牛进行级进杂交，通过不断筛选，培育出乳用的西杂母牛。

第五节 提高繁殖力的技术措施

一、影响牛繁殖的因素

（1）青年母牛及成母牛分娩前2个月的健康状况和适宜的体膘。

（2）产科疾患的病程及愈后。
（3）子宫复原的时间与程度。
（4）牛舍的舒适度、运动和饲养工艺。
（5）产奶量和内分泌的平衡。
（6）日照、温度、湿度和环境卫生。
（7）产犊间隔。
（8）卵细胞成熟过程中可能存在的其他因素。
（9）营养平衡。
（10）公牛精液的质量及精液与受体的拮抗。

二、提高牛繁殖力的一般技术措施

1. 饲料营养 营养不良或营养水平过高，都会对牛发情、受胎率、胚胎质量、生殖系统功能、内分泌平衡、分娩时的各种并发症（难产、胎衣不下、子宫炎、怀孕率降低）等产生不同程度的影响。饲养者应根据牛不同生理特点和生长生产阶段要求，按照常用饲料营养成分和饲养标准，配制饲粮，精青粗合理搭配，实行科学饲养，保持牛 7～8 成的种用体况，切忌掠夺式生产，造成营养严重负平衡。

2. 降低热应激 牛是耐寒怕热的动物，适宜温度 0～21℃，最适温度 6～8℃，而夏季气温往往高达 30℃甚至更高，对牛采食量、产奶、繁殖等性能产生严重影响，所以降低热应激对牛的影响是夏季饲养管理中的重要工作内容。

3. 实行产后监控 母牛产后监控是平常科学饲养管理条件下，从分娩开始至产后 60d 之内，通过用观察、检测（查）、化验等方法，对产后母牛实施以生殖器为重点，以产科疾病为主要内容的全面系统监控，及时处理和治疗母牛生殖系统疾病或繁殖障碍，对患有子宫内膜炎的个体尽早进行子宫净化治疗，促进产后母牛生殖机能尽快恢复。

4. 减少高产牛繁殖障碍 牛的繁殖障碍即牛暂时性或永久性不孕症，主要有慢性子宫炎、隐性子宫内膜炎、慢性子宫颈炎、卵巢机能不全、持久黄体、卵巢囊肿、排卵延迟、繁殖免疫障碍、营养负平衡引起生殖系统机能复旧延迟等，高产牛更为普遍。造成牛繁殖障碍主要因素有三个方面：一是饲养管理不当，二是生殖器官疾病，三是繁殖技术失误。主要对策是科学合理的饲养管理、严格繁殖技术操作规范、实施母牛产后重点监控和提高牛不孕症防治效果。

三、提高牛发情检测率和配种率的技术措施

1. 发情检测 发情检测是牛饲养管理中的重要内容，坚持每天早中晚三

次发情观察，可显著提高母牛发情检测率。提高牛发情检测率的方法主要有人工观察法、尾部涂漆法（群养）、直肠检查法等，可采用多种方法并用，检测率更高更准确。

2. 及时查出和治疗不发情或乏情母牛 牛出现不发情或乏情多数与营养有关，应及时调整母牛的营养水平和饲养管理措施。对因繁殖障碍引起的不发情或乏情母牛，在正确诊断的基础上，可采用孕马血清促性腺激素、氯前列烯醇、三合激素等激素进行催情，能收到良好效果，但不同药物、不同使用剂量与处理方式效果各异。

四、提高牛受胎率的技术措施

1. 采用优质冻精 精液的好坏直接关系到牛的受胎率。引进冻精时，除要求所选公牛具有很高的 TPI 性能指数外，还应具备良好的繁殖性能。确定引进的冻精应在当时抽取一定比例的冷冻精液进行包括精子活力、密度、顶体完整率等指标在内的精液品质检查。引进后冻精也应定期进行精液品质检查，保证配种所用冻精的安全性和优质性。

2. 输精技术 直肠把握输精是牛配种常用的方法，必须严格输精操作技术规程，适时而准确地把一定量的精液输到发情母牛子宫内的适当部位，避免生殖道损伤，是提高牛受胎率的根本保证。

3. 适时配种 一般牛发情开始后 16～24h 内输精，受胎率可达到最高，也可通过母牛以下表现判断最佳输精时间：母牛发情开始减弱即由不安转向平静；外阴肿胀开始消失，黏膜颜色由潮红变成粉红或带有紫青色；黏液由多到少，呈黏稠微混浊状，拇指和食指间蘸起的黏液可牵拉 6～8 次不断；直肠检查卵泡直径在 1.5mm 以上。

4. 输精部位 牛排卵以单侧为主，单侧排卵在 90%以上，其中右侧排卵明显高于左侧，右侧排卵占 54%，左侧排卵约 36%，两侧同时排卵约 10%。为此输精前应直肠检查排卵部位，然后将镜检合格的精液输送到子宫颈深部 5～8cm 处偏排卵一侧。实行两次输精，间隔 8～12h 输第二次。

5. 治疗屡配不孕症 治疗不孕症的方法很多，效果取决于对不孕症种类的正确诊断，详见第八章。

五、提高产犊率和犊牛成活率的技术措施

1. 加强保胎，做到全产 牛配种受孕后，受精卵或胚胎在子宫内游离时间长，一般在受孕后 2 个月左右才逐渐完成着床过程，而在妊娠最初 18d 又是胚胎死亡的高峰期，所以妊娠早期胚胎易受体内外环境的影响，造成胚胎死亡或流产，因此，加强保胎，做到全产成为提高产犊率的主要措施。首先应注重

饲养管理，实行科学饲养，保证母体及胎儿的各种营养物质需要，避免因营养不良或过剩，以及热应激等环境因素造成母体内分泌失调和体内生理环境的变化；不喂腐烂变质、有强烈刺激性、霜冻等料草，避免饮用冰冷水；防止妊娠牛受惊吓、鞭打、滑跌、拥挤和过度运动，对有流产历史的牛更要加强保护措施，必要时可服用安胎药或注射黄体酮保胎。

2. 加强培育，做到全活 加强妊娠母牛的饲养管理，尤其是怀孕后期，有助于提高犊牛的初生重。初生犊牛在产后 2h 内吃上初乳，以增强犊牛对疾病的抵抗力。产后 7d 进行早期诱饲，尽快促进牛胃发育。制订合理的犊牛培育方案，保证犊牛生长发育良好。避免犊牛卧在冷湿地面、采食不洁食物，防止消化道疾病的发生。

3. 缩短产犊间隔 缩短产犊间隔不仅可以提高繁殖率，而且可以提高产奶量。在母牛分娩后进行药物处理，促进子宫复原和卵巢生殖机能恢复，在配种后进行早期妊娠诊断，及时诱导空怀牛发情配种等，是缩短产犊间隔，提高产犊率的重要措施。

六、现代繁殖技术的应用

现代繁殖技术主要包括同期发情、超数排卵、胚胎移植、胚胎分割、体外受精、性别控制、核移植、早期妊娠诊断等技术，这些技术详见本章前四节。

第四章 营养需要与饲料利用

第一节 营养需要

动物为了生存、生长和繁衍后代等生命活动，必须从外界摄取食物，动物的食物称为饲料。饲料中凡能被动物用以维持生命、生产产品的物质，称为营养物质或营养素，简称养分。可以是简单的化学元素——Ca、P、Fe、Se 等，也可以是复杂的化合物———蛋白质、脂肪、碳水化合物和各种维生素。

一、饲料中营养物质分类

饲料中的营养物质可分为六大类：即水分、粗灰分、粗蛋白质、粗脂肪、碳水化合物、无氮浸出物等。

1. 水分 水是生命之源，生物体的含水量随着生物种类的不同有所差别，一般为60%～95%。动植物体内的水分一般以两种状态存在。一种含于动植物体细胞间，与细胞结合不紧密，容易挥发，称为游离水或自由水；另一种与细胞内胶体物质紧密结合在一起，形成胶体外面的水膜，难以挥发，称结合水或束缚水。

2. 粗灰分 饲料在550℃灼烧后所得残渣，残渣中主要是氧化物、盐类等矿物质，也包括混入饲料的泥沙，故称粗灰分或矿物质。

3. 粗蛋白质 饲料中的含氮化合物称为粗蛋白质。蛋白质饲料营养丰富，利于动物的吸收利用。根据凯氏法，测定出饲料中总氮，用总氮值再乘以6.25所得值，为饲料中粗蛋白质的含量。多数蛋白质的含氮量相当接近，一般为14%～19%，平均为16%，故测定蛋白质，只要测定样品中的含氮量，就可以计算出蛋白质的含量。

$$\text{蛋白质含量}=\text{样本含氮量}\times 100/16=\text{样本含氮量}\times 6.25$$

在动植物体中，除蛋白质外尚有非蛋白质氮，所以按上述测定的含氮量而求得的蛋白质，通常称粗蛋白质。

4. 粗脂肪 粗脂肪是饲料、动物组织中脂溶性物质的总称。粗脂肪包括了饲料中可溶于乙醚的成分（脂肪、蜡质、有机酸、脂溶性色素、脂溶性维生素等）。

5. 碳水化合物 是植物性饲料中最主要的组成成分，占干物质的50%～80%，是动物日粮中能量的主要来源。按常规分析，可将碳水化合物分为粗纤维和无氮浸出物两部分。

粗纤维（CF）由纤维素、半纤维素、多缩戊糖及镶嵌物质（木质素、角质）所组成，是植物细胞壁的主要成分，也是饲料中最难消化的营养物质。

饲料中有机物质中的无氮物质中除去脂肪及粗纤维以外的部分，总称为无氮浸出物或称可溶性碳水化合物，包括单糖、双糖、多糖类（淀粉）等物质。植物性饲料中分布最广的糖是单糖类和双糖类，单糖主要存在于植物的果实中，一般饲料中含量很少；双糖在甜菜中含量丰富；淀粉是植物的贮备物质，在植物的种子、果实及块根、块茎中含量丰富，如玉米籽实中的淀粉含量约为70%。

二、营养物质的基本功能

饲料中各种营养物质的基本功能可归结为三个方面。

1. 作为动物体的结构物质 营养物质是动物机体每一个细胞和组织的构成物质，如骨骼、肌肉、皮肤、结缔组织、牙齿、羽毛、角、爪等。因此，营养物质是动物维持生命和正常生产过程中不可缺少的物质。

2. 作为动物生存和生产的能量来源 在动物生命和生产过程中，维持体温、随意活动和生产产品，所需能量皆来源于营养物质。碳水化合物、脂肪和蛋白质都可以为动物提供能量，但以碳水化合物供能最经济。脂肪除供能外还是动物体贮存能量的最好形式。

3. 作为动物机体正常机能活动的调节物质 营养物质中的维生素、矿物质以及某些氨基酸、脂肪酸等，在动物机体内起着不可缺少的调节作用。如果缺乏，动物机体正常生理活动将出现紊乱，甚至死亡。

除以上功能外，营养物质在动物机体内，经一系列代谢过程后，还可以形成各式各样的离体产品。

第二节 饲料的分类

国内外依据饲料的自然含水量、饲料干物质中粗纤维含量、饲料干物质中蛋白质含量将饲料分为八大类别。

第一类为粗饲料，是指饲料自然含水量<45%、饲料干物质中粗纤维含量≥18%的饲料种类。

第二类为青绿饲料，是指饲料自然含水量＞45%以上的饲料种类。饲料干物质中粗纤维含量、粗蛋白质含量可不予考虑。

第三类为青贮饲料，是指青绿饲料经过发酵处理制成的青贮料或半干青贮料。

第四类为能量饲料，是指饲料自然含水量＜45%、饲料干物质中粗纤维含量＜18%、饲料干物质中粗蛋白质含量＜20%的饲料种类。

第五类为蛋白质饲料，是指饲料自然含水量＜45%、饲料干物质中粗纤维含量＜18%、饲料干物质中粗蛋白质含量≥20%的饲料种类。

第六类为矿物质饲料，是指天然或人工合成的单一化合物或混有载体的多种矿物质化合物以及主要含矿物质的动物性饲料。

第七类为维生素饲料，是指人工合成或由原料提取的各种单一维生素和多种维生素混合物，不包括富含维生素的天然饲料。

第八类为添加剂，是指各种用于强化饲养效果和有利于配合饲料生产和贮存的非营养性添加剂原料及其配制产品。

一、粗饲料

粗饲料常指各种农作物收获原粮后剩余的秸秆、秕壳以及干草等，按国际饲料分类原则，凡是饲料中粗纤维含量在18%以上或细胞壁含量为35%以上的饲料统称为粗饲料。

粗饲料的特点是粗蛋白质含量很低（占3%～4%）；维生素含量极低，每千克秸秆（禾本科和豆科）含胡萝卜素为2～5mg；粗纤维含量很高（占30%～50%）；无氮浸出物含量高（一般占20%～40%）；灰分中，含钙高，含磷低，在粗饲料矿物质中，硅酸盐含量高，这对其他养分的消化利用有影响；粗饲料含总能高，但是消化能低。粗饲料来源广、种类多、产量大、价格低，是牛在冬、春季的主要饲料来源。

1. 干草类饲料　干草是指植物在生长阶段收割后干燥保存的饲草。大部分调制的干草是牧草在未结籽前收割的草。通过制备干草，达到长期保存青草中的营养物质和在冬季对牛进行补饲的目的。

粗饲料中干草的营养价值最高。优质青干草含有较多的蛋白质、胡萝卜素、维生素D、维生素E及矿物质。青干草粗纤维含量一般为20%～30%，所含能量为玉米的30%～50%。豆科干草蛋白质、钙、胡萝卜素含量很高，粗蛋白质含量一般为12%～20%，钙含量为1.2%～1.9%。

禾本科干草含碳水化合物较高，粗蛋白质含量一般为7%～10%，钙含量在0.4%左右。野干草的营养价值较以上两种干草要低些。

青干草的营养价值取决于制作原料的植物种类、收割的生长阶段以及调制技术。禾本科牧草应在孕穗期或抽穗期收割，豆科牧草应在结蕾期或干花初期收割，晒制干草时应防止暴晒和雨淋，最好采用阴干法。

2. 秸秆类饲料 秸秆类饲料又称为藁类饲料，其来源非常广泛。凡是农作物籽实收获后的茎秆和枯叶均属于秸秆类饲料。例如，玉米秸、稻草、麦秸、高粱秸和各种豆秸，这类植物中粗纤维含量较干草高，一般为25%～50%。

秸秆类饲料中有机物质的消化率很低，牛消化率一般小于50%，每千克含消化能值要低于干草。

蛋白质含量低，所占比例为3%～6%，豆科秸秆饲料中蛋白质比禾本科的高。除维生素D之外，其他维生素均缺乏，矿物质钾含量高，钙、磷含量不足。秸秆的适口性差，为提高秸秆的利用率，喂前应进行切短、氨化或碱化处理。

3. 秕壳类饲料 秕壳类饲料是种子脱粒或清理时的副产品，包括种子外壳或茎、外皮以及混入一些种子成熟程度不等的瘪谷和籽实，因此，秕壳类饲料的营养价值变化较大。豆科植物中蛋白质优于禾本科植物。一般来说，荚壳的营养价值略高于同类植物的秸秆，但稻壳和花生壳除外。糟糠类饲料质地坚硬，粗纤维高达35%～50%。秕壳能量值变幅大于秸秆，主要受品种、加工贮藏方式和杂质多少的影响，在打场中有大量泥土混入，而且本身硅酸盐含量高，如果尘土过多，甚至堵塞消化道而引起便秘疝痛。秕壳具有吸水性，在贮藏过程中易于霉烂变质，使用时一定要注意。

二、青绿饲料

青绿饲料是一类营养相对平衡的饲料，是牛不可缺少的优良饲料，但其干物质少，能量相对较低。在牛生长期可用优良青绿饲料作为唯一饲料来源，但若要在育肥后期加快育肥则需要补充谷物、饼粕等能量饲料和蛋白质饲料。

1. 常用青绿饲料 牛常用的青绿饲料主要包括青牧草、青割牧草和叶菜类等。

2. 饲喂青绿饲料时应注意的问题

（1）防止亚硝酸盐中毒 饲用甜菜、萝卜叶、芥菜叶、白菜叶等叶菜类中都含有少量硝酸盐，本身无毒或毒性很低，只有在细菌的作用下，才能把硝酸盐还原为亚硝酸盐而引起牛中毒。青绿饲料堆放时间过长、发霉，或者在锅里加热或煮开焖在锅、缸里过夜，都会引起硝化细菌将硝酸盐还原为亚硝酸盐。

亚硝酸盐中毒发病很快，多在1d内死亡，甚至在30min内死亡。发病症状表现为：不安、腹痛、呕吐、流涎、吐白沫、呼吸困难、心跳加快、全身震颤、行走摇晃、后肢麻痹，体温无变化或偏低，血液呈酱油色。可注射1%美蓝溶液，每千克体重为0.1～0.2mL；也可用甲苯胺蓝治疗，用量为每千克体重5mg；如无上述药物，可以静脉注射25%～50%葡萄糖50～100mL、5%维生素C 40～100mL，缓解中毒症状。如与上述药物合并应用，效果更佳。

（2）防止氢氰酸中毒 青绿饲料中一般不含有氢氰酸，但在高粱苗、玉米苗、马铃薯的幼芽、木薯、亚麻叶、豆麻籽饼、三叶草、南瓜蔓等中含有氰苷配糖体，这些饲料经过发霉或霜冻枯萎，在植物体内特殊酶的作用下，氰苷被水解而放出氢氰酸。当含氰苷的饲料进入牛体后，在瘤胃微生物作用下，甚至无需特殊的酶作用，仍可使氰苷和氰化物分解为氢氰酸引发牛中毒。因此，用这些饲料饲喂牛之前，应晒干或制成青贮饲料再饲喂。此外，玉米、高粱收割后的再生苗，经霜冻后危害更大。

氢氰酸中毒的症状为：腹痛或腹胀，呼吸困难，呼出的气体有苦杏仁味，行走站立不稳；可视黏膜先为红色，后期发白或带紫，肌肉痉挛，牙关紧闭，瞳孔散大，最后卧地不起，四肢划动，呼吸麻痹而死。

（3）防止草木樨中毒 草木樨本身并不含有毒物质，但含有香豆素，当草木樨发霉腐败时，在细菌作用下，香豆素转变为有毒性的双香豆素，它与维生素K有拮抗作用。由于中毒发生很慢，通常饲喂草木樨2～3周后发病。饲喂草木樨应该逐渐增加饲喂量，不能突然大量饲喂，不饲喂发霉腐败的草木樨和苜蓿。

（4）防止农药中毒 蔬菜、棉花田、水稻田刚喷过农药后，路旁、河边的杂草、蔬菜不能用作饲料，等下过雨或隔1个月后再收割，谨防引起农药中毒。

三、青贮饲料

青贮饲料是以新鲜的青刈饲料作物、牧草、各种蔓藤等为原料，切碎后装入青贮容器内，隔绝空气，在厌氧条件下经乳酸菌发酵制成的饲料。将青绿饲料青贮，不仅能较好地保持青绿饲料的营养特性，减少营养物质的损失，而且由于青贮过程中产生大量的芳香族化合物，使饲料具有酸香味，柔软多汁而改善了适口性，更是一种长期保存青饲料的良好方法。此外，青贮原料中含有硝酸盐、氢氰酸等有毒物质，经发酵后会大大降低有毒物质的含量。同时，青贮饲料中由于大量乳酸菌的存在，菌体蛋白质含量比青贮前提高20%～30%，很适合喂牛。另外，青贮饲料制作简便、成本低廉、保存时间长、使用方便，解决了冬、春季牛缺少青绿饲料的难题，是养牛业的一类理想饲料。

1. 青贮饲料的优点

（1）青贮饲料可以保持青绿饲料的营养特性 青贮是将新鲜的青饲料切碎装入青贮窖或青贮塔内，通过密封措施造成厌氧条件，利用厌氧微生物的发酵作用，达到保存青饲料的目的。因此，在贮藏保存过程中氧化分解作用弱，机械损失少，从而较好地保持了青绿饲料原有的营养特性。

（2）青贮饲料适口性好、利用率高　青绿多汁饲料经过微生物的发酵作用，产生大量芳香族化合物，具有酸香味，柔软多汁，适口性好等特点。有些植物制成干草时，具有特殊气味或质地粗糙，适口性差，但青贮发酵后，可成为良好的饲料。

（3）青贮饲料能长期保存　良好的青贮饲料，如果管理得当，青贮窖不漏气，则可多年保存，久者可达二三十年。这样就可以在青绿多汁饲料缺乏的冬、春季均衡地饲喂牛。

（4）调制青贮饲料的原料广泛　只要方法得当，几乎各种青绿饲料，包括豆科牧草、禾本科牧草、野草野菜、青绿的农作物秸秆和茎蔓，均能青贮。青贮过程受气候影响小，在阴雨季节或天气不好时，晒制干草困难，但对青贮的影响不大，只要按青贮条件要求严格掌握，便可制成优良青贮料。

（5）调制方法多种多样　除普通青贮法外，还可采用一些特殊青贮方法，如加酸、加防腐剂、接种乳酸菌或加氮化物等。添加剂青贮及低水分青贮等方法扩大青贮饲料范围，使普通方法难以贮存青贮的植物可以获得很好的青贮饲料。

2. 常用于青贮的饲料原料

（1）带穗玉米　玉米带穗青贮，即在玉米成熟后期收割，将茎叶和玉米穗整株切碎进行青贮，这样可以最大限度地保存蛋白、碳水化合物和维生素，具有较高的营养价值和良好的适口性，是牛的优质饲料。玉米带穗青贮后，其干物质中含粗蛋白含量达 8.4%，碳水化合物达到 12.7%。

（2）青玉米秸　收获果穗后的玉米秸上能保留 1/2 的绿色叶片，应尽快青贮，不应长期放置。若部分秸秆发黄，3/4 的叶片干枯视为青黄秸，青贮时每 100kg 需加水 5～15kg。

（3）各种青草　各种禾本科青草所含的水分与糖分均适宜于调制青贮饲料。豆科牧草如苜蓿因含粗蛋白量高，可制成半干青贮或混合青贮。禾本科草类在抽穗期，豆科草类在孕蕾及初花期刈割为好。

另外，甘薯蔓、花生秧、大豆秸、白菜叶、萝卜叶、甜菜叶等都可作为青贮原料，应将原料适当晾晒到含水 60%～70%后青贮效果比较好。

四、能量饲料

能量饲料在牛饲料中所占的比例较高。养牛生产中常用的能量饲料为谷物类、糠麸类和块茎薯类。

主要包括谷实类、玉米、高粱、小麦、大麦、燕麦、裸麦、稻谷与糙米、糠麸类、小麦麸、米糠、大豆皮、玉米皮、甘薯、木薯、马铃薯、糖蜜、甜菜与甜菜渣、果糖。

五、蛋白质饲料

蛋白质饲料是指干物质中粗纤维含量在18%以下，粗蛋白质含量大于或等于20%的饲料为蛋白质饲料。

蛋白质饲料有黄豆、蚕虫、豌豆、黑豆、黄豆饼、花生饼、菜籽饼、棉籽饼、鱼粉、肉骨粉、血粉等。各种油料籽实，提取油脂后蛋白质的含量相对较高，一般在30%～45%，是羊重要的蛋白质补充饲料。蛋白质饲料还有单细胞蛋白质饲料（藻类、饲用酵母）和非蛋白氮饲料，如尿素、铵盐、氨水等。

六、矿物质饲料

牛常用的矿物质饲料主要是含钠和氯元素的食盐以及含钙、磷饲料的骨粉、碳酸钙、磷酸氢钙、蛋壳粉、贝壳粉等。

七、维生素饲料

维生素饲料包括工业合成或由原料提纯精制的各种单一维生素和混合多种维生素，但富含维生素的天然饲料则不属于维生素饲料。例如，鱼肝油富含维生素A、维生素D，种子的胚富含维生素E，水果与蔬菜富含维生素C，它们都不是维生素饲料，可以根据其特性给予充分利用。

八、饲料添加剂

添加剂在配合饲料中所占比例很小，但其作用则是多方面的。对动物的作用：抑制消化道有害微生物繁殖，促进饲料营养消化、吸收、抗病、保健、驱虫，改变代谢类型、定向调控营养，促进动物生长和营养物质沉积，减少动物兴奋、减低饲料消耗及改进产品色泽，以及提高商品等级等。

对饲料环境方面的作用：疏水、防霉、防腐、抗氧化、黏结、赋形、防静电、增加香味、改变色泽、除臭、防尘等。

1. 营养性添加剂

（1）维生素添加剂　常用维生素A、维生素D、维生素E、维生素K、B族维生素及氯化胆碱等。对牛来说，由于瘤胃微生物能够合成大多数B族维生素，如饲料供应平衡，一般不会发生此类维生素缺乏症。但维生素A、维生素D、维生素E、维生素K等脂溶性维生素则应另外补充。

（2）微量元素添加剂　一般家畜常常容易缺乏铜、锌、锰、铁、钴、碘、硒等。缺乏时需要制成复合添加剂进行添加。

（3）氨基酸添加剂　一般是植物性饲料中最缺的必需氨基酸，如蛋氨酸与赖氨酸。

（4）尿素　为非蛋白氮物质，可添加于牛等反刍动物日粮中，用以对氮的补充。常用的有尿素、缩二脲、磷酸二氢铵、氯化铵等。生豆粕中含有脲酶，铵可使尿素分解产生氨气和二氧化碳，因而生豆粕不能与尿素混合。

2. 非营养性添加剂　这类添加剂本身在饲料中不起营养作用，但具有刺激代谢、驱虫、防病等功能。也有部分对饲料起保护作用。如保护剂的添加，凡含油脂多的饲料，由于脂肪及脂溶性维生素在空气中极易氧化变质（尤其在高温季节会发生酸败），在饲喂牛这些物质时，会影响饲喂效果。故常常加入抗氧化剂予以保护。常用的抗氧化剂有丁基羟基苯甲醚、丁基羟基甲苯、乙氧喹等。此外，还有防霉剂，如丙酸、丙酸钙以及着色剂、调味剂等。

第三节　饲料的利用

一、新疆地区常用的饲料

1. 青绿饲料　天然牧草、人工种植牧草、葡萄修剪枝、果树修剪枝、豆秧、瓜秧、甜菜叶、蔬菜叶等。

2. 粗饲料　干草、麦草、秸秆类、稻壳、棉壳、玉米芯等。

3. 青贮饲料　玉米秆青贮、藤类青贮、鲜菜青贮。

4. 能量饲料　玉米、大麦、高粱、小麦、燕麦、麸皮、米糠、玉米皮、甘薯、马铃薯和胡萝卜等。

5. 蛋白质饲料　黄豆、蚕虫、豌豆、黑豆、黄豆饼、花生饼、菜籽饼、棉籽饼、鱼粉、肉骨粉、血粉等。

6. 矿物质饲料　食盐、磷酸氢钙、磷酸钙、骨粉、石粉、贝壳粉、蛋壳粉等。

二、饲料的利用

牛主要以粗饲料为主，但粗饲料不能满足其营养需要，需要补喂精饲料。精饲料营养全面与否直接影响到牛的生长发育。

精饲料包括能量饲料、蛋白质饲料、矿物质饲料、微量（常量）元素和维生素。

能量饲料主要是玉米、高粱、大麦等，占精饲料的60%～70%，蛋白质饲料主要包括豆饼（粕）、棉籽饼（粕）、花生饼等，占精饲料的20%～25%。

产棉区育肥牛蛋白质饲料应以棉籽饼（粕）为主，以降低饲料成本。犊牛补料、青年牛育肥可以添加5%～10%豆饼（粕）。小作坊生产的棉籽饼不能喂牛，以防止棉酚中毒。棉籽饼（粕）、豆饼（粕）、花生饼最大日喂量不宜超过3kg。

矿物质饲料包括骨粉、食盐、小苏打、微量（常量）元素、维生素添加剂，一般占精饲料量的3%～5%。青年牛育肥骨粉添加量占精饲料量的2%左右。架子牛育肥占0.5%～1%。冬、春、秋季食盐添加量占精饲料量的0.5%～0.8%，夏季添加量占精饲料量的1%～1.2%。

以酒糟为主要粗饲料时，应添加小苏打，添加量占精饲料量的1%，其他粗饲料喂牛时，夏季可添加精饲料量的0.3%～0.5%。微量（常量）元素、维生素添加剂一般不能自己配制，需要从正规生产厂家购买，按照说明在规定期内使用，严禁应用“三无”产品。

精饲料配制严禁添加国家不准使用的添加剂、性激素、蛋白质同化激素类、精神药品类、抗生素滤渣和其他药物。国家允许使用的添加剂和药物要严格按照规定添加，严禁使用肉骨粉。

饲料中的水分含量不得超过14%。颗粒饲料将精、粗饲料按比例混合，制成颗粒全价料饲喂育肥牛可提高增重，减少饲料浪费，显著缩短牛的采食时间，缩短工人劳动时间和劳动强度，提高劳动定额，从而大幅度降低成本。

参考配方：玉米面47.5%，麸皮5%，棉籽饼10%，添加剂1%，食盐0.5%，骨粉1%，麦秸粉或草粉35%。

三、常用饲料调制方法

1. 粉碎　各种精料在喂前应进行粉碎，加工后颗粒直径在1～2mm为宜。

2. 切短　秸秆等粗饲料在喂前要切短，块根、块茎等多汁料打碎前要清洗。

3. 盐化　稻草、玉米秸揉碎成丝絮状，装入发酵池（或大缸）内，每200kg原料加入食盐1.2～2kg，水65～75kg，拌匀盖上无毒塑料薄膜，经24～48h温度上升到40℃时，踩实降温，然后用塑料布密封，盖上草帘，经24h后即可饲用。

4. 碱化　切短揉碎的秸秆用1%生石灰水（即1kg石灰加50kg水，除去沉淀的渣子，然后再加50kg水），充分搅拌，浸泡35kg切短的原料，经10min后捞出，把石灰水控净，装入容器内堆放，经1d后即可取用。

5. 氨化　切短揉碎的玉米秸等每25kg加入溶有100～150g尿素的温水5kg，在15℃下浸泡6～20h，排氨后混入适量精料饲喂。

6. 青贮　青贮原料含糖量应较多，干物质在25%以上，主要是人工种植的禾本科植物和野生植物。禾本科野生牧草在结籽前收割，建议推广青草打捆青贮，可将禾本科和豆科牧草混贮。各种含水分较多的根、茎、叶类作为青贮原料，应经风干或掺入10%～20%糠麸饲料后青贮。青贮饲料可采用青贮窖、平地或塑料袋等贮藏方法。青贮窖的大小可根据牛头数和年需储备量而定，青贮窖每立方米可青贮饲料500～600kg。

第五章 饲料加工利用技术

第一节 秸秆类饲料的加工利用

一、青贮

青贮饲料简单地说就是酸贮。当青贮物中的酸积累到处于被抑制的稳定状态时，就实现了青贮的营养价值。以下以玉米秸青贮为例介绍。

（1）青贮的窖贮 窖形有土窖和永久窖之分。窖地选在地势较高、水位较低、土质坚实的地方。窖的大小根据牛的数量和地形而定。

（2）青贮的选料 最好是玉米成熟后，随掰随割随运。此时玉米秸很新鲜，除基部2～3个叶发黄外，其他叶子均为绿色，含水量达60%～75%。玉米秸不能带根及泥土。

（3）青贮填窖 将新鲜的玉米秸铡成3～5cm长的节段后马上填窖，随铡随填，摊平后踏实，尤其对边、角越实越好，不要带入铁钉和铁丝。永久型大窖青贮，可边填秸秆边用拖拉机来回轧实，直至高出窖口60～80cm为止，土窖需在底部和周围铺衬塑料地膜，以防透气透水。

（4）及时封窖 一般采用地膜，从一端铺至另一端，宽度要余出30～40cm，以便压土。然后排除内部空气，上压10～15cm厚的湿土。土窖边缘处的土，须高出地面30cm以上。在凹陷处用土填平，以求不透气、不漏水。

（5）青贮的保存 一般贮后30～40d便可开窖饲用。开窖时先从一端开始除去压土，清理开口周围的杂物，徐徐敞开地膜，以露出青贮好的玉米秸为止。随用随开，每次出料足够喂1次或1d即可。出料后立即将开口盖好。

二、黄贮

黄贮和青贮的制作方法和原理是一样的，只不过黄贮的原料干，需要一定的水。加水多少，视所贮原料的含水量而定。一般干贮物自有15%～20%的水分时，每吨再加净水150～200kg即可。

三、微贮

微贮饲料就是把原料粉碎，按情况加一定比例的秸秆发酵干菌剂后，经微生物在厌氧条件下发酵制成的饲料。

四、氨化

氨化饲料指的是通过加入液氮、氨水和尿素等物质达到贮物软化和提高营养价值的目的的过程。秸秆氨化处理是目前普遍应用的一种处理秸秆的方法。秸秆经氨化处理后，质地松软，适口性增加，消化率提高。

第二节　苜蓿的加工利用

一、苜蓿干草加工调制技术

苜蓿是草中之王，富含粗蛋白和多种维生素和矿物质，是高产牛养殖的首选饲草。苜蓿干草调制的基本程序：鲜草收割、干燥、捡拾打捆、堆贮。在苜蓿干草调制过程中，影响品质的重要因素是苜蓿收割时期、干燥方法、贮藏条件和技术。优质的干草含水量应在14%～17%，具有深绿色，保留大量的叶、嫩枝和花蕾，并具有特殊的芳香气味。

1. 主要内容

（1）适时收割　苜蓿草生长至初花期（开花率20%左右）时，收割为宜。收割时天气晴朗，地表干燥，有利于机械化作业。留茬高度为5～6cm。割茬整齐有利于苜蓿再生。推荐使用大型带有压扁设备的大型机械，可将苜蓿茎秆压裂，加快茎秆中水分蒸发，缩短晾晒时间，减少营养物质的损失。北疆地区一般收割3～4茬，个别地区可收割5茬。

（2）自然干燥法　此法是苜蓿收割后，在田间形成的自然晾晒，其厚度不超过15cm，我区气候干燥，降雨量少，日照充足，是最常见的方法。在自然晾晒4～5h后含水量降到40%左右时，进行一次翻晒，以减少叶片的脱落。再干燥1.5～2d时含水量降到20%左右，关键技术是掌握好苜蓿干草的含水量。若含水量少，苜蓿的叶子就会掉落，减少了粗蛋白等营养物，则产量也降低明显，若含水量多，则容易造成霉变。可在早晚空气湿度较大时，用捡拾打捆机在田间直接作业打成草捆。及时运输到牛场的堆草场内。此时堆放的草堆不宜过高、过宽，要留有空隙，以便草捆能散发水分。

为节约仓库或延长存贮时间，草捆在存放20～30d后，其含水量降到12%～14%时，进行二次压缩打捆，将两捆打成一捆，其密度可达到350 kg/m^3左右。

高密度打捆后，体积减小了一半，更便于贮存和降低运输成本。自然干燥的苜蓿草蛋白含量在17%～18%。

（3）人工干燥法　自然条件下晒制的苜蓿干草，营养物质损失较大，人工干燥技术可迅速干燥苜蓿。人工干燥有风力干燥和高温快速干燥法，使苜蓿水分快速蒸发至安全水分17%以下。通常采用高温快速烘干机，其烘干温度可达500～1 000℃。苜蓿干燥时间仅有3～5min，但成本很高。采用高温烘干后的苜蓿草，其中的寄生虫、杂菌、杂草种子被杀死，有利于保留营养物质、长期保存。机械烘干的苜蓿草蛋白质含量在22%以上，比自然干燥的苜蓿草蛋白质含量高5%以上。在通常情况下蛋白质高出一个百分点。销售价可提高100元/t，可多卖500元/t，烘干成本200元/t。建议大型牛场使用苜蓿草烘干机械。

2. 技术特点

（1）饲喂特点　苜蓿干草比新鲜草能提供更多的干物质，比较符合牛的消化生理，可减轻对牛消化道的容积压力。取同体积的苜蓿可获得更高的生产效益。牛日粮中60%的粗蛋白可由苜蓿干草提供。同时可保证母牛高产，体质健康，利用年限长，牛奶的品质优良，减少代谢病的发生率。应贮备足量的苜蓿干草，以保证牛全年的均衡饲喂。

（2）调制方法和所需设备　因地制宜，即可自然晒制。但受阴雨天气等气候条件的限制较大，加工时要特别注意霉变。也可采用专用烘干设备进行人工干燥调制，调制技术容易掌控，制作后贮存取用很方便。

（3）苜蓿干草饲喂量　应当根据牛生长各阶段的营养需要，饲喂适量的苜蓿干草，断奶后的犊牛和育成牛每天可饲喂2～3kg苜蓿干草。泌乳牛应根据产奶量饲喂4～9kg。

二、苜蓿混合青贮

苜蓿含可溶性碳水化合物较低，单独制作青贮效果不很理想。可以直接粉碎加入到玉米青贮之中。在玉米青贮的收割季节，此时收割的苜蓿鲜草直接加入到玉米青贮中，可大大提高青贮中粗蛋白含量，减少苜蓿干草贮存和调制中的损失，适用范围广，操作方法简便，成本低，保存养分多，与调制干草比，苜蓿混合玉米青贮几乎完全保存了苜蓿鲜草的叶片和花序，减少营养成分的流失，提高利用率。经大量试验和生产实践应用后得出该法饲喂效果好，适口性好，消化率高，对牛有很好的增产效果，乳脂、乳蛋白、非脂乳固形物等乳成分指标均有所提高。

一般情况下，苜蓿混合玉米青贮中以玉米青贮为主，苜蓿鲜草为辅。

三、苜蓿颗粒加工技术

1. 主要内容

（1）颗粒加工设备　加工苜蓿草颗粒的设备有许多种类，主要有颗粒机或颗粒机组，小规模生产中通常选用颗粒单机进行制粒。规模化企业的草颗粒生产，更多使用由颗粒机与各种粉碎、搅拌等配套设备组成的机组。颗粒的直径范围6～8mm，长度可调节。颗粒采用自然冷却。

（2）苜蓿颗粒加工　将调制好的苜蓿草粉，按牛的营养需求配方，配制含不同营养成分的苜蓿草颗粒。各种配料按比例与苜蓿草粉混合均匀。原料在混合前要准备称量，量小的配料必须经过预混合。把混合均匀的原料输入草颗粒成形机挤压成形、成形颗粒进入散热冷却阶段（自然冷却）。冷却后的苜蓿草颗粒含水量不超过13%，然后进行分装、运输、贮存，产品在运输、贮存过程中应防雨、防潮、防火、防污染。

苜蓿草颗粒化以后，密度增加5倍以上，体积减小，方便贮存和饲喂，发达国家用于牛的饲料50%以上是颗粒饲料。

（3）饲喂　苜蓿制成颗粒饲料，是利用物理方法对植物的纤维结构和木质素进行破坏，使苜蓿的紧密纤维素结构变得松散，有利于瘤胃微生物的分解和繁衍，提高微生物的分解作用。经测定，饲喂颗粒饲料的牛，饲料转化效率提高8.68%。

苜蓿颗粒有两种饲喂方式：一是作为牛精饲料的一部分；二是替代低蛋白或低质量的饲草。

2. 主要优点

（1）苜蓿草颗粒体积小，质地硬脆，大小适中，利于咀嚼，适口性好，可提高牛采食量。

（2）含水量低，便于长期贮存、运输和机械化饲喂，降低劳动强度，减少饲喂过程中的浪费。

第三节　糟渣类饲料的加工利用

一、酒糟贮存加工技术

酒糟及其残液干燥物（DDGS）是酿酒和酒精工业的副产品，饲喂牛已经有几十年历史。目前广泛使用的酒糟种类有两种。一种是谷物酒糟，主要以高粱、糯米等各物为原料，生产酒精或酿造白酒、米酒的副产品。据统计，我国白酒糟的年产量超过3 000万t。另一种是啤酒糟，主要以大麦粒、大麦芽为原料，经过糖化工艺发酵后产生的酒渣。

1. 技术要点　酒糟水分含量高（60%以上），易发酵变质、滋生虫蝇，污染环境，短期内难以充分利用，一般酒厂都作为废弃物处理。采用科学方法，将酒糟进行加工贮存，可有效提高饲料资源利用率，减少环境污染。酒糟由于营养成分不同，处理方法也不一样。

（1）谷物酒糟贮存加工方法　主要通过晾晒或烘烤，使酒糟水分含量降至15%以下，所得产品称为干酒糟，保存时间较长。晾晒时选择晴天将酒糟薄摊于水泥地面上，成本低，污染少。需要较大的量，空气湿度大时晾晒时间较长，该方法适合小批量酒糟处理。烘烤方法需要专用设备进行处理。优点是处理量大、产品率高、饲用价值好，环境污染小，但能耗较大，设备投资和运行费用较高。

①窖贮法。将酒糟放入窖池内，压实密封，形成厌氧环境，抑制腐败菌繁殖。窖池一般选在地势干燥、地下水位低的地方，大小根据养牛规模、原料数量而定（可利用青贮窖氯化池）。装窖时，在窖底铺一层干草或草袋子，窖壁周围可铺无毒塑料薄膜或草席子，然后把酒糟装入窖内，装一层踩实一层，直至把窖装满。封窖时窖顶呈馒头形，顶部覆盖层草，并盖上塑料薄膜，用土（30cm厚）压实、压紧。

②微贮法。参照秸秆微贮的方法，在每吨酒糟中（含水量70%～80%）加入长度3～5m秸秆或干草330kg，按秸秆发酵活干菌的操作规程，每袋菌剂（3g）处理15t酒糟，分层装窖，喷洒压实后，在最上面均匀撒上少许盐粉（每平方米250g），再压实，用塑料薄膜密封盖土，保质期为9～12个月。

（2）啤酒糟贮存加工方法

①窖贮。啤酒糟由于能量、糖分较高，含水量较大（70%以上），易酸败变质，出厂后应及时转运至养殖场，进行处理。为了提高发酵效果，每吨啤酒糟需加入50～70kg玉米粉、薯粉等富含淀粉辅料（也可以加入适量糖蜜）。将辅料与酒糟充分混合均匀，含水量控制在60%为宜（即手抓成团，有水从指间析出，但不滴出为准）。混合好的酒糟放入窖（池）内，充分压实，排出空气，用塑料薄膜密封。

②塑料袋贮存。应用塑料袋进行贮存发酵时，应选取厚而结实的塑料袋，有漏洞应及时用胶带修补。贮存时应随时检查，发现漏洞及时补救以减少损失，取用后应及时密封，以免与空气过分接触，二次发酵引起变质。

③湿酒糟。将鲜酒糟或窖贮、微贮等方法贮存的酒糟，直接拌入铡短的饲草、青贮料或精料补充料中饲喂，也可以单独饲喂酒糟。但由于湿酒糟含水量较高，使用时需注意两点：一是易降低牛干物质采食量，影响消化吸收率；二是易霉烂、腐败、导致酒糟变质，引发疾病，影响育肥效果。

④干酒糟。将烘干的酒糟作为蛋白质原料，配合到精料补充料中。具有干

物质含量高、使用方便等特点，可有效提高酒糟利用率。

2. 特点 酒糟含有丰富的粗蛋白质、粗脂肪、B族维生素、亚油酸、微量元素和许多未知生长因子，粗蛋白质含量比玉米高50%左右。饲喂时要注意与其他饲料合理搭配，长期、大量、单一饲喂酒糟，易引起急、慢性中毒，并引发家畜其他疾病，给养殖场（户）造成经济损失。

饲喂时要注意的事项有以下几点：

（1）定时、定量、少喂勤添 由少到多，逐渐增加，待牛适应后再按量饲喂。突然大量饲喂酒糟，易引起急性中毒。饲喂量一般不超过日粮的20%～30%。

（2）鲜酒糟的饲喂 残留有一定量的乙醇，还有少量或微量多种发酵产物，如甲醇、杂醇油、醛类和酸类等。饲喂时应注意观察，以防中毒。

（3）长期、单一饲喂酒糟，易引起慢性中毒，并引发家畜瘤胃膨胀、胃酸过多等现象。易引发怀孕母畜流产，应限制饲喂量。

（4）饲喂酒糟时，日粮中要添加玉米面、麸皮、青绿饲料、钙和维生素A、维生素D_3等，防止维生素A、维生素D缺乏和钙流失。

（5）成效 酒糟成本低，适口性好，营养含量丰富，容易消化，可提高家畜干物质采食量，增加日增重。改善牛肉品质，净肉率提高3%～5%，每头牛增加收入300～600元。同时，减少了环境污染，降低了饲养成本，提高了资源有效利用率。

以酒糟为主要粗饲料时，建议添加小苏打，添加量占精饲料的1%，其他粗饲料喂牛时，夏季可添加精饲料量的0.3%～0.5%。微量（常量）元素、维生素添加剂一般不能自己配制，需要从正规生产厂家购买，按照说明在规定日期内使用，严禁使用“三无”产品。

二、苹果渣与玉米秸秆混合贮存技术

我国苹果年产量约3 100万t，其中20%～30%用于果汁加工，年产苹果渣200万t。新疆目前林果业种植面积已经超过了2 000万亩，以红枣、核桃、杏、葡萄、香梨、苹果和巴旦木等为主的主栽树种的有效株就超过了13亿株，年产果品达到700万t，且畅销全国。如此多的农副产品附属物都可作为牲畜饲料加以利用，而苹果渣等其他类林果附属品富含维生素、果酸和果糖等多种营养物质，可以直接消化利用，饲喂牛效果较好。但是，由于果渣含水量大（80%以上），直接饲喂会产生腹泻现象。若不及时利用还会出现变质，影响饲喂效果。目前，苹果渣除少量直接用作饲料外，绝大部分被废弃，污染了局部环境。

苹果渣与玉米秸秆混合贮存技术是将苹果渣（含有果皮、果核、果籽以及少量果肉）与切碎的玉米秸秆，在密封厌氧条件下进行发酵贮存，调制成营养价值高、适口性好的粗饲料。开发和利用苹果渣对扩大饲料资源具有重要意义。

1. 技术要点

（1）原料选择　选择切短至1～2cm长的风干或收获玉米籽实后的玉米秸秆，及果品加工厂1～2d内生产的新鲜果渣。果渣无霉变、无污染、无杂质。

（2）混合贮存比例　风干玉米秸秆与果渣混合比例为6∶4，青绿玉米秸秆与果渣混合比例为7∶3。

（3）填装压实

①分层填装。苹果渣含水量高，装填时应先在最底层装入约50cm厚玉米秸秆，摊平、压实（特别要注意靠近窖壁和拐角的地方）。秸秆上铺约30cm厚的果渣，堆实、摊平。如此往复，直到压实最上层玉米秸秆时，用塑料薄膜覆盖，覆土密封。

②顶层覆盖。如果没有足够的果渣，可将切碎的秸秆逐层装入青贮窖中，按玉米秸秆青贮饲料制作操作，直到压实至最上层玉米秸秆时，用60～80cm厚的果渣直接封顶。

（4）水分和温度　制作时要注意原料混合比例，调节水分含量。在装填水分含量较低的秸秆时，需适当加水，混贮原料总含水量控制在65%～70%，最佳贮存温度为20～30℃，最高不超过38℃。

（5）管理与维护　青贮池（窖）四周应有排水沟或排水坡度，窖口防止雨水流入及空气进入，如有条件可加装防护栏。

（6）取用　苹果渣与玉米秸秆混贮存35～45d后即可开窖使用。开窖时应从窖的一侧沿横截面开启。从上到下随用随取，切忌一次开启的剖面过大，导致二次发酵。制作良好的果渣玉米秸秆混贮饲料，有醇香味或果香味，玉米秸秆颜色青绿，果渣呈亮黄色。

2. 特点　苹果渣、玉米秸秆混贮饲料营养成分见表5-1。

表5-1　苹果渣、玉米秸秆混贮饲料营养成分

原料	干物质（%）	粗灰分（%）	粗蛋白质（%）	粗脂肪（%）	粗纤维（%）	钙（%）	磷（%）	总能（MJ/kg）
苹果渣	20.96	2.19	8.73	4.63	24.14	0.21	0.31	17.30
苹果渣、玉米秸秆混贮	26.62	15.4	7.25	1.39	32.23	0.60	0.19	15.63

注：数据来源于肉牛体系饲料营养功能研究室岗位专家罗晓瑜团队实测值，总能为计算值。

（1）通过加工调制，有效解决了鲜果渣含水量高、酸度大、适口性差、易酸败，牛直接饲喂难度大的问题。

（2）果渣富含果胶、果糖和苹果酸，既能促进微生物发酵，又能提高饲料品质，改善适口性。

（3）具有制作简便、保存期长、成本低廉等优点，有效提高饲料利用率。

3. 成效 推广使用果渣玉米秸秆混贮技术，一是提高了苹果渣利用率，减少污染环境；二是解决了苹果渣直接饲喂难度大的问题，提高了秸秆青贮饲料的品质，改善了适口性；三是来源广、价格低廉，通过加工和有效利用，可降低饲养成本，增加养殖效益。

目前，新疆地区还有一些常用的果蔬渣类饲料（如番茄、甜菜渣等）也可被充分利用。

第四节　饼粕类饲料的加工利用

一、油菜菜籽饼的利用技术

1. 油菜菜籽饼的主要毒素和特征 油菜菜籽饼中有一种叫“硫苷”的毒素，饲喂不当，容易引起家畜中毒。一般菜籽饼中硫苷毒素的含量为3%～8%。生长期越长的油菜品种，毒素含量越高。目前我区推广的“双低”油菜，其毒素相对较低，芥酸含量在1%以下，硫苷含量在0.3%以下。

油菜菜籽饼毒素主要造成动物的肝、肾中毒，引起动物肝、肾、甲状腺肿大。反刍动物对油菜菜籽饼所含毒素的敏感性略低于单蹄动物，这与反刍动物瘤胃有分解毒素的作用有关。反刍动物日粮中菜籽饼的比例不能超过10%，限量饲喂菜籽饼基本上是安全的。

菜籽饼（粕）是一种优质的植物蛋白饲料，粗蛋白质33%～45%，蛋白消化率95%～100%。氨基酸组成和含量与大豆相近。其中蛋氨酸、半胱氨酸等含硫氨基酸含量较高。在我国南方，牛养殖中普遍应用菜籽饼（粕），但由于其含有硫代葡萄糖苷（简称硫苷，GLS）等有毒物质和植酸、单宁、芥子碱、抗蛋白酶因子等抗营养因子，适口性差，长期、大量饲喂菜籽饼（粕）会引发胃肠炎、肾炎和支气管炎等疾病。因此，为了充分利用菜籽蛋白，提高菜籽饼（粕）饲喂量，降低饲养成本，须对菜籽饼（粕）进行脱毒处理，降低其毒性，确保饲用安全。

2. 常用脱毒方法 油菜菜籽饼的脱毒方法很多，有微生物法、溶剂浸泡法、热喷法等，也就是我们常说的物理法、化学法和生物法。具体脱毒法有以下几种。

（1）坑埋法　依据菜籽饼（粕）数量，在地势高燥的地方挖宽1.0～1.5m。深1.5～2.0m土坑（1m^3可埋500～600kg），坑底铺上稻草或席子。

将粉碎的菜籽饼（粕）按1∶1的比例加水浸泡后装填到土坑中，顶部盖上稻草或席子，再用塑料薄膜覆盖，最后用20～30cm厚的土压实，坑埋2个月。该方法操作简单、成本低、硫苷脱毒率可达90%左右，但蛋白质和干物质损失较大（约15%）。

（2）热处理法　主要有干热处理法和湿热处理法。具体方法是：将菜籽饼（粕）粉碎，用大铁锅烘炒30～40min，并炒出香味；也可以放入容器内，加水煮沸或通入蒸汽，保持100～110℃的温度蒸煮1h。使芥子碱在高温下失去活性，饼（粕）中的硫苷不被分解。该方法操作简单，适合养殖户或小型养牛场使用。但饼粕中蛋白质利用率下降，特别是硫苷仍留在饼粕中，饲喂后可能受其他来源的芥子碱及肠道内某些细菌的酶解，继续产生毒性。

（3）水浸洗法　在水泥池或缸底开一小口，装上阀门，上方5～10cm处装过滤底层，将菜籽饼粕置于过滤层上，加热水或冷水浸泡、冲淋，反复浸提。每天换水1次，换水时冲淋1～2次。一般浸泡2～4d即可饲喂。利用水浸泡和冲洗，将菜籽饼（粕）中的有毒成分溶于水中，通过冲洗把毒物带走，尤其是40℃左右的热水效果更好。该方法脱毒率较高，对设备和技术要求简单，容易操作，但饼（粕）中的干物质损失较大，部分水溶性蛋白质也会流失，耗水量大。

（4）生物发酵法　将菜籽饼（粕）粉碎，加入酵母菌、枯草芽孢杆菌、黑曲霉和乳酸菌等复合微生物制剂0.3%～0.6%（或按产品使用说明书），饼粕和水按2∶1的比例混匀，在水泥地上堆积保湿发酵，当温度上升至38℃左右（8h后），对饼粕进行翻堆，再堆积发酵。每日翻堆1次，控制好发酵温度，防止雨淋。温度过高时（不要超过40℃），要及时翻堆和通风降温。发酵4～5d完成脱毒，晾晒（烘干）至含水量达到8%保存待用。通过微生物发酵，可水解菜籽饼（粕）硫苷及其降解产物。同时，微生物利用自身代谢作用将菜籽饼（粕）中抗营养因子（如植酸、单宁、纤维素等）分解，产生香味物质，提高了菜籽饼（粕）适口性和蛋白质含量。

该方法成本低、脱毒率高、营养损失小。

（5）青贮脱毒法　把菜籽饼用1∶2的比例用凉水浸泡，再按照10%～20%的比例拌入青贮原料中加入青贮窖，压实封顶，60d后即可脱毒，脱毒率为80%，新疆多地使用此法，此法的优点是可以结合青贮饲料制作进行菜籽饼脱毒。

3. 脱毒后的主要特征

（1）通过菜籽饼（粕）脱毒技术，可有效去除其中的有毒物质和抗营养因子，改善适口性，提高使用量。推广菜籽饼（粕）的脱毒技术，可以解决部分地区蛋白质饲料缺乏问题。

（2）菜籽饼（粕）资源丰富，营养价值高，价格低于豆粕，利用菜籽饼（粕）替代豆粕饲喂牛，可降低饲养成本，提高养殖效益。

（3）菜籽饼（粕）脱毒技术简单，投资少，适用于广大牛养殖户和规模养殖场。

4. 饲喂注意事项

（1）菜籽饼（粕）要妥善保存，防止霉烂变质。发生霉变，严禁使用。

（2）育肥牛多用，繁殖母牛和犊牛少用。脱毒菜籽饼（粕）多添加，未脱毒菜籽饼（粕）少添加。

（3）要尽量做到先脱毒后饲用，饲喂量要由少至多，让牛逐渐适应。一般情况下，开始时可以在精料中添加5%未脱毒菜籽饼（粕）或10%脱毒菜籽饼（粕），观察牛的采食和排泄情况，如没有异常，可间隔5～7d在精料中增加一定比例，逐渐增加。如发现厌食和腹泻，应减少菜籽饼（粕）的用量。

二、棉籽饼（粕）利用技术

1. 棉籽饼（粕）微生物发酵脱毒利用技术　新疆是种棉大区，特别是南疆地区的棉花生产几乎遍布每一个地（州）、县（市），而每年生产出的棉籽，通过榨油成为副产品——棉籽饼或棉籽粕，自然成了我区常用的动物性饲料来源。

以棉籽为原料，经脱壳、去绒或部分脱壳、去绒，用机器榨取油后的副产品称为棉籽饼，用浸提法或预压浸提法榨取油后的副产品称为棉籽粕。

棉籽饼中营养丰富，内含粗蛋白35%～40%（与豆饼相近49.48%）、粗纤维11%～15%，含B族维生素、硫胺素和有机磷也较多，是用作饲料、配合饲料的好原料。但由于棉籽饼中含有危害细胞、血管、神经的棉酚和环丙烯类脂肪酸等抗营养因子，因而按其存在形式分为游离棉酚（FC）和结合棉酚（BC）。结合棉酚无毒性，游离棉酚决定了棉籽饼柏的毒副作用。

在制油过程中，通过蒸炒、压榨，大部分棉酚与氨基酸结合形成结合棉酚。结合棉酚在动物消化道内不被吸收，毒性小，少部分棉酚以游离形式存在于粕及油品中，毒性较大。因此，使用棉籽饼（粕）要限量或进行脱毒处理。

2. 棉籽饼脱毒方法　棉籽饼脱毒后饲喂牲畜，是保证牲畜安全和提高牲畜品质的关键。为此，必须持科学态度、用科学的方法正确脱毒。

现有的棉籽饼脱毒方法大致有三大类：一是用微生物发酵，使棉酚遭到破坏；二是用硫酸亚铁与棉酚形成螯合物，消除其毒性；三是用混合溶剂对棉籽饼进行脱毒处理，使棉酚与棉籽粕、棉籽油彻底分离而得到无毒棉籽粕和无毒棉籽油。

目前有两种常用脱毒方法：

（1）化学处理法　利用硫酸亚铁脱毒，用1%的硫酸亚铁溶液浸泡棉籽饼（粕）24h，棉籽饼（粕）中的棉酚脱毒率达到82%，棉籽饼的颜色变成黑褐色，达到了去毒目的。本方法效果好、成本低、操作简单、可大力推广。

（2）微生物发酵法　这种方法适合于工厂化的加工脱毒。方法是用专门的微生物菌种混合到拌湿的棉籽饼中，在40℃的温度条件下发酵48h，达到脱毒目的。

具体脱毒配方：每200kg棉籽饼（粕）加水70kg、红糖1kg、微生物制剂1kg、麸皮20kg。使用时，为了降低成本可用糖蜜替代红糖。

此方法最大的优点是：脱毒较为彻底，棉籽饼的营养没有被破坏，反而可增强蛋白质含量3%～5%，使棉籽饼的营养优于豆类饼粕，接近鱼粉。

3. 脱毒操作程序

（1）发酵（窖）池准备　规模化牛场可利用已建成的青贮窖。没有青贮窖的养殖场（户），可自建发酵（窖）池，大小根据饲养规模和原料数量确定。发酵池应选在地势高、干燥、向阳、排水良好、距离畜舍较近的地方，深2～3m，池壁以砖或石砌筑，水泥抹面最佳，上大下小，侧壁倾斜度为6°～8°。

（2）原料准备　根据发酵池容量，从加工厂直接将棉籽饼（粕）运输至发酵（窖）池旁。

（3）装填压实　为保证厌氧环境，装填前应在发酵窖（池）四壁衬塑料薄膜。装填原料时应逐层进行，每装入30～50cm，喷洒混合均匀的红糖水，然后压实，直至高于发酵窖（池）沿50～70cm。小型窖（池）可人工踩实或夯实，大型青贮窖可用履带拖拉机或轮式大马力推土机压实。

（4）密封　先在原料上铺一层塑料膜，再用40～50cm厚的土覆盖拍实，外观呈馒头状。气温4℃以上，贮后密封发酵7d即可饲用。当出现塌陷、裂缝时，应及时填土以防漏水漏气。

（5）品质鉴定　发酵好的棉籽饼（粕）颜色微黑、发亮、手捏发潮、略有酒香味。

4. 注意事项

（1）操作时要做到“均、密、实”　均，即微生物制剂与红糖水混合均匀，喷洒均匀；密，即密封好，不透气；实，即尽最大限度压实，减小空隙，创造厌氧环境。

（2）制作时间　根据棉花生产季节和气候特点，发酵环境温度在4℃以上即可进行制作。

（3）检测　棉籽饼（粕）应在使用前进行棉酚和粗蛋白质测定，以确定其用量。

（4）饲喂　棉籽饼去毒后，其毒性降低，可直接喂牛，也可作配合饲料原料。饲喂牛时，应该由少到多逐渐增加，并观察牛的健康状况。怀孕中、后期的母牛应减少或限制饲喂量。

（5）为防止牲畜粪便干燥排泄，可以与青饲料搭配或在饲料中加入少量的芒硝或其他缓泻物质。

第六章 饲养管理技术

第一节　犊牛的饲养管理

犊牛期的饲养管理，对牛成年体形的形成、采食粗饲料的能力以及成年后的产乳和繁殖能力都有极其重要的影响。

一、新生犊牛护理

1. 清除黏液　犊牛出生后，立即用清洁的软布擦净鼻腔、口腔及其周围的黏液。对于倒生的犊牛，如果发现已经停止呼吸，则应尽快两人合作，抓住犊牛后肢将其倒提起来，拍打胸部、脊背，以便把吸入气管里的胎水咳出，使其恢复正常呼吸。随后，让母牛舔舐犊牛3～10min（根据季节决定，一般夏季时间长，冬季时间短），以利于犊牛体表的干燥和母牛胎衣的排出。然后，将犊牛被毛上的黏液清除干净。

2. 脐带消毒　在离犊牛腹部约10cm处握紧脐带，用大拇指和食指用力揉搓脐带1～2min。用已消毒的剪刀在揉搓部位远离腹部的一侧把脐带剪断，无需包扎或结扎，用5%碘酊浸泡脐带断端进行消毒。

3. 母牛与犊牛隔离　犊牛出生后，应尽快将犊牛与母牛分圈饲养，以免母牛认犊之后不利于挤奶。母牛分娩后，应尽早挤奶，保证犊牛在出生后较短的时间内能吃到初乳。如果母牛没有初乳或初乳受到污染，可用其他产犊日期相近母牛的初乳代替，也可用冷冻或发酵保存的健康牛初乳代替。

4. 饲喂初乳　犊牛第一次饲喂初乳的时间应在出生后1h以内，喂量一般为1.5～2.0kg，约占体重的5%，不能太多，否则会引起犊牛消化紊乱。第二次饲喂初乳的时间一般在出生后6～9h。初乳日喂3～4次，每天喂量一般不超过体重的8%～10%，饲喂4～5d后，逐步改为饲喂常乳，日喂3次。初乳最好即挤即喂，以保持乳温。适宜的初乳温度为38℃±1℃。如果饲喂冷冻保存的初乳或已经降温的初乳，应水浴加热后再饲喂。初乳温度过低会引起犊牛胃肠消化机能紊乱，导致腹泻。过高的初乳温度会使初乳中的免疫球蛋白变性而失去活性，同时还易引起犊牛的口腔炎、胃肠炎。饲喂发酵初乳时，在其中加入少量小苏打（碳酸氢钠），可提高犊牛对初乳中抗体的吸收率。犊牛每次哺乳1～2h后，应给35～38℃的温开水一次，防止犊牛因渴饮尿而发病。

二、哺乳期犊牛的饲养

哺乳期内犊牛可完全以混合乳作为日粮。但由于大量哺喂常乳成本高、投入大，现代化的规模牛场多采用代乳料代替部分或全部常乳。犊牛在出生后期即可开始用常乳或代乳料逐步替代初乳饲喂，特别是育肥的奶公犊，普遍采用代乳料代替常乳，体质较弱的犊牛，应饲喂一段时间常乳后再饲喂代乳料。在更换乳品时，要有4～5天的过渡期。4～7日龄开始补饲优质青干草，7～10日龄可开始补饲精饲料，20日龄以后可开始饲喂优质青绿多汁饲料。补饲饲料时要由少到多。

1. 哺乳量 犊牛哺乳期的长短和哺乳量因培育方向、所处的环境、饲养条件的不同而不同。传统的哺喂方案是采用高奶量，哺喂期长达5～6月龄，哺乳量达到600～800kg。实践证明，过多的哺乳量和过长的哺喂期，虽然犊牛增重较快，但对犊牛消化器官发育不利，且加大了犊牛培育成本。所以，目前大多牛场已在逐渐减少哺乳量和缩短哺乳期。一般全期哺乳量300kg，哺乳期2个月左右。标准化规模化的奶牛场，哺乳期为45～60d，哺乳量为200～250kg。

常乳喂量1～4周龄约为体重的10%，5～6周龄为体重的10%～12%，7～8周龄为体重的8%～10%，8周龄后逐步减少喂量，直至断奶。对采用4～6周龄早期断奶的母犊，断奶前喂量为体重的10%。如果使用代乳品，则喂量应根据产品标签说明确定。因代乳品配制技术和工艺比较复杂，质量要求高，一般不提倡养牛户自己配制，而应购买质量可靠厂家生产的代乳品。

2. 犊牛的饲喂 饲喂牛乳或代乳品时，必须做到定质、定时、定温、定人。定质是要求必须保证常乳和代乳品的质量，变质的乳品会致犊牛腹泻或中毒。劣质乳品不能为犊牛提供所需要的必需养分，会致犊牛生长发育缓慢、患病甚至死亡。定时即每天的饲喂时间要求相对固定，同时两次饲喂应保持合适的时间间隔。这样既有利于犊牛形成稳定的消化酶分泌规律，又可避免犊牛因时间间隔过长暴饮，或时间过短吃进的乳来不及消化造成消化不良。哺乳期一般日喂2次，间隔8h。定温是要保证饲喂乳品的温度，牛乳的饲喂温度以及加温方法应和初乳饲喂时一样。定人即固定饲养人员，以减少应激和意外发生。经常更换饲养员，会使犊牛出现拒食或采食量下降等情况。同时，新更换的饲养员需要一段时间才能熟悉牛的状况，不利于犊牛疾病或异常情况的及时发现。

3. 早期补料 早期补饲干草的时间可以提早到出生后7～10d，10～15日龄开始补喂少量精料，20日龄以后可开始饲喂优质青绿多汁饲料。

（1）早期补料优点较多 可以促进瘤胃的早期发育，提高犊牛断奶重和断奶后的增重速度，降低饲养成本。

（2）早期补料的方法 干草补饲时可直接饲喂，但要保证质量，应以优质豆科和禾本科牧草为主。精饲料补饲时须先进行调教。方法是：首先，将精饲料用温水调制成糊状，加入少量牛奶、糖蜜或其他适口性好的饲料，在犊牛鼻镜、嘴唇上涂抹少量，或直接将少量精饲料放入奶桶底使其自然舔食，3～5d犊牛适应采食后，即可在犊牛旁边设置料盘，将精饲料放入任其舔食。开始每天给10～20g，以后逐渐增加喂量。对采用60日龄左右断奶的犊牛，到30日龄时每天精饲料采食量应达到0.5kg，60日龄时采食量应达到1kg以上。这是早期断奶成功的关键。精饲料参考配方见表6-1。

表6-1 犊牛早期补料参考配方

成分	含量	成分	含量
玉米	50%～55%	食盐	1%
豆饼	25%～30%	矿物质元素	1%
麸皮	10%～15%	磷酸氢钙	1%～2%
糖蜜	3%～5%	维生素A	1 320μg/kg
酵母粉	2%～3%	维生素D	174μg/kg

注：适当添加B族维生素、抗生素（如新霉素、金霉素、土霉素）、驱虫药。

由于断奶前饲喂精饲料的质量好坏对于早期断奶成功与否至关重要。因此，对饲料配制技术要求高，养殖场应遵从动物营养师的指导配制或购买优质商品饲料。饲喂时青绿多汁饲料（如胡萝卜、甜菜等）应切碎。青贮饲料应保证质量，不能饲喂发霉、变质、冰冻的饲料。

4. 早期断奶 传统的犊牛哺乳时间一般为6个月，喂奶量800kg以上。随着科学研究的进展，人们发现缩短哺乳期不仅不会对母牛和犊牛产生不利影响，反而可以节约乳品，降低犊牛培育成本，增加犊牛的后期成活率，促进成年牛的提早发情，改善母牛繁殖率和健康状况。当前，犊牛的哺乳期已经大大缩短，喂乳量不断下降。新疆地区现普遍采取犊牛3月龄左右或喂食300kg牛奶后断奶。饲养技术先进的牛场已采用30～45日龄断奶，也有喂完初乳即断奶的报道。早期断奶的时间不采用一刀切的办法，需要根据饲养者的技术水平、犊牛的体况和补饲饲料的质量及其进食量确定。在我国当前饲养水平下，采用总喂乳量250～300kg、60日龄断奶比较合适。对少数饲养水平高、饲料条件好的牛场，可采用30～45日龄断奶，喂乳量在200kg以内。

三、断奶期犊牛的饲养管理

1. 断奶期犊牛的饲养 断奶期是指母犊从断奶后至6月龄之间的时期。断奶后，犊牛继续饲喂断奶前精、粗饲料。随着月龄的增长，逐渐增加精饲料喂量。至3～4月龄时，精饲料喂量增加到每天1.5～2.0kg。同时，选择优质干草、苜蓿供犊牛自由采食。4月龄前，尽量少喂或不喂青绿多汁饲料和青贮饲料。3～4月龄以后，可改为饲喂育成牛精饲料。母犊牛生长速度为日增重650g以上。4月龄体重110kg，6月龄体重170kg以上比较理想。犊牛断奶后1～2周内日增重降低，表现出消瘦、被毛凌乱、没有光泽等症状，这主要是由于断奶引起的应激反应。随着犊牛适应全植物饲料后，饲料采食量增加，很快就会恢复。

2. 断奶期犊牛的管理 断奶后的犊牛，除刚断奶时需要特别精心的管理外，以后随着犊牛的长大对管理的要求相对降低。断奶后的母犊，如果原来是单圈饲养则需要合群，如果是混合饲养则需要分群。合理分群可以方便饲养，同时，避免个体差异太大造成的采食不均。合群和分群的原则一样，即月龄和体重相近的犊牛分为一群，每群10～15头。犊牛一般采取散放饲养，自由采食，自由饮水，但应保证饮水和饲料的新鲜、清洁卫生。注意保持牛舍清洁、干燥，定期消毒。每天保证犊牛不少于2h的户外运动。夏天要避开中午太阳强烈的时候；冬天要避开阴冷天气，最好在中午较暖和时进行户外运动。

每月称重，并做好记录，对生长发育缓慢的犊牛要找出原因。同时，定期测定体尺，根据体尺和体重来评定犊牛生长发育的好坏。目前已有研究认为，体高比体重对后备母牛初次产奶量的影响更大。

四、育肥犊牛的饲养管理

由于犊牛的断奶重与后期育肥效果成显著正相关，因此，必须给犊牛提供充足的优质饲料，并精心管理，以保证成活率和最大的日增重为饲养管理的重点。

育肥犊牛的饲养管理，除用于生产小白牛肉和小牛肉的犊牛外，多数采用初乳期后即停止饲喂常乳，改喂代乳品或脱脂乳。精饲料和优质干草的补饲量大于母犊。饲喂乳品的时间尽量缩短，一般不超过30日龄，以不影响犊牛健康为宜。对于用于生产小白牛肉或小牛肉的犊牛，常乳、脱脂乳或代乳品一般不限量，以不引起消化不良为度。小白牛肉生产中也可补饲精、粗饲料，但应严格限制饲料中铁的含量。用于生产小白牛肉的犊牛应尽量减少运动，采用漏缝地板，整个牛圈禁止使用铁制材料，到3～4月龄、体重100～150kg时出栏屠宰。育肥犊牛如需长时间饲养可进行去角，用于生产小白牛肉的犊牛则不需去角。育肥犊牛一般采用群养，自由运动，以节约人力，但生产小白牛肉应采用单笼饲养。

第二节　育成牛的饲养管理

育成期母牛是指从7月龄至配种（一般为15～16月龄）之间的一段时期。

犊牛6月龄后即由犊牛舍转入育成舍。育成母牛培育的任务是保证母牛正常的生长发育和适时配种。发育正常、健康体壮、体形优良的育成母牛是提高牛群质量、适时配种、保证牛高产的基础。育成母牛因未怀孕，也不泌乳，不易患病。因此，育成母牛的饲养管理往往得不到重视。育成期是母牛体尺和体重快速增加的时期，饲养管理不当会导致母牛体躯狭浅、四肢细高，达不到培育的预期要求，从而影响以后的泌乳和利用年限。育成期良好的饲养管理可以部分补偿犊牛期受到的生长抑制。因此，从体形、泌乳和适应性的培育上讲，应高度重视育成期母牛的饲养管理。

育成母牛的性器官和第二性征发育较快，至12月龄已经达到性成熟。消化系统特别是瘤网胃的体积迅速增大，到配种前瘤网胃容积比6月龄增大一倍多，瘤网胃占总胃容积的比例接近成年。因此，要提供合理的饲养，既要保证饲料有足够的营养物质，以获得较高的日增重；又要具有一定的容积，以促进瘤网胃的发育。

一、育成牛的饲养

1. 7～12月龄牛的饲养　7～12月龄是牛生长速度最快的时期，尤其在6～9月龄时更是如此。此阶段母牛处于性成熟期，性器官和第二性征的发育较快。尤其是乳腺系统在体重150～300kg时发育最快。体躯则向高度和长度方面急剧生长。前胃已相当发达，具有相当的容积和消化青饲料的能力，但还保证不了采食足够的青饲料来满足此期快速发育的营养需要。消化器官本身也处于强烈的生长发育阶段，需要继续锻炼。因此，此期除供给优质牧草和青绿饲料外，还必须适当补充精饲料。精饲料的喂量主要根据粗饲料的质量确定。一般来说，日粮中75%的干物质应来源于青草料或青干草，25%来源于精饲料，日增重应达到700～800g。

在性成熟期的饲养应注意两点：一是控制饲料中能量饲料的含量，如果能量过高会导致母牛过肥，大量的脂肪沉积于乳房中，影响乳腺组织发育和日后的泌乳量。二是控制饲料中低质粗饲料的用量，如果日粮中低质粗饲料用量过高，有可能会导致瘤网胃过度发育，而营养供应不足，形成“肚大、体矮”的不良体形。精饲料参考配方见表6-2。

表 6-2　7～12 月龄牛的精饲料参考配方

成分	含量（%）	成分	含量（%）
玉米	48	食盐	1
豆粕（饼）	25	磷酸氢钙	1
棉粕（饼）	10	石粉	1
麸皮	10	添加剂	2
饲用酵母	2		

2. 12 月龄至初次配种的饲养　此阶段育成母牛消化器官的容积进一步增大，消化器官发育接近成熟，消化能力日趋完善，可大量利用农作物秸秆、青草和青干草。同时，母牛的相对生长速度放缓，但日增重仍高于 800g，以使母牛在 14～15 月龄达到成年体重的 70%左右（即 350～400kg）。配种前的母牛没有妊娠和产奶负担，而利用粗饲料的能力大大提高。因此，只提供优质青粗饲料基本能满足其营养需要，只需少量补饲精饲料。此期饲养的要点是保证适度的营养供给。营养过剩会导致母牛配种时体况过肥，易造成不孕或以后的难产；营养不良会使母牛生长发育抑制，发情延迟，15～16 月龄无法达到配种体重，从而影响配种时间。此期精饲料参考配方列于表 6-3。

表 6-3　12 月龄至初次配种育成母牛的精饲料参考配方

成分	含量（%）	成分	含量（%）
玉米	48	食盐	1
豆粕（饼）	15	磷酸氢钙	1
棉粕（饼）	5	石粉	1
麸皮	22	添加剂	2
饲用酵母	5		

注：育成期应保证充足的清洁、卫生饮水，供育成母牛自由饮用。

3. 育成母牛的适时配种　适时配种对于延长母牛利用年限，增加泌乳量和经济效益非常重要。育成母牛的适宜配种年龄应依据发育情况而定。过早配种会影响母牛正常的生长发育，降低整个饲养期的泌乳量，缩短利用年限；过晚配种则会增加饲养成本，同样缩短利用年限。传统的初次配种时间为 16～18 月龄，现在随着饲养条件和管理水平的改善，育成母牛 14～16 月龄体重即可达到成年体重的 70%，可以进行配种。这将提高牛的终生产奶量，显著增加经济效益。

二、初产母牛的饲养管理

育成期后的母牛，根据产犊胎次可分为初产母牛和经产母牛。初产母牛是指第一次怀孕并产犊的牛，而经产母牛是指已经产过犊的牛。

妊娠期是指母牛从怀孕到产犊之间的时期。初产母牛怀孕期饲养管理的要点是保证胎儿健康发育，并保持母牛一定的体况，以确保母牛产犊后获得尽可能高的泌乳量。母牛妊娠期的饲养管理一般分为妊娠前期和妊娠后期两个阶段。

1. 妊娠前期的饲养管理　妊娠前期一般是指牛从受胎到怀孕6个月之间的时期，此时期是胎儿各组织器官发生、形成的阶段。妊娠前期胎儿生长速度缓慢，对营养的需要量不大。但此阶段是胚胎发育的关键时期，对饲料的质量要求高。妊娠前两个月，胎儿在子宫内处于游离状态，依靠胎膜渗透子宫乳（子宫内膜腺体分泌的营养物质）吸收养分。这时，如果营养不良或某些养分缺乏，会造成子宫乳分泌不足，影响胎儿着床和发育，导致胚胎死亡或先天性发育畸形。因此，要保证饲料质量高、营养成分均衡。尤其是要保证能量、蛋白质、矿物质元素和维生素A、维生素D、维生素E的供给。在碘缺乏地区，要特别注意碘的补充，可以喂适量加碘食盐或碘化钾片。初产母牛还处于生长阶段，所以，还应满足母牛自身生长发育的营养需要。胚胎着床后至6个月，对营养需求没有额外增加，不需要增加饲料喂量。

母牛舍饲时，饲料应遵循以优质青粗饲料为主、精饲料为辅的原则。放牧时，应根据草场质量，适当补充精饲料，确保蛋白质、维生素和微量元素的充足供应。混合精料日喂量以2.0～2.5kg为宜。精饲料参考配方见表6-4。

表6-4　妊娠前期母牛精饲料参考配方

成分	含量（%）	成分	含量（%）
玉米	48	磷酸氢钙	1
豆粕（饼）	22	石粉	1
麸皮	25	添加剂	2
食盐	1		

2. 妊娠后期的饲养管理　妊娠后期一般是指牛从妊娠7个月到分娩前的一段时间，此期是胎儿快速生长发育的时期。妊娠后期需要大量营养。胎儿的生长发育速度逐渐加快，到分娩前达到最高，妊娠期最后两个月胎儿的增重占到胎儿总重量的75%以上。因此，需要母体供给大量的营养，精饲料供给量应逐渐加大。同时，母体也需要贮存一定的营养物质，使母牛有一定的妊娠期增重，以保证产后正常泌乳和发情。妊娠期增重良好的母牛，犊牛初生重、断奶重和泌乳量均高。初产母牛由于自身还处于生长发育阶段，饲养上应考虑其自身生长发育所需的营养。这时，如果营养缺乏会导致胎儿生长发育减缓、活力不足，母牛体况较差。但也要注意防止母牛过肥，初产母牛保持中上等膘情即可，过肥容易造成难产，且产后发生代谢紊乱的概率增加。

舍饲时，饲料除优质青粗饲料以外，混合精料每天不应少于2～3kg。放牧时，由于妊娠后期多处于冬季和早春，应注意加强补饲。否则，易引起初生犊牛发育不良，体质虚弱，母牛泌乳量低。为了满足冬季母牛对蛋白质的需求，在缺乏植物性蛋白质饲料的地区，可以采用补充尿素的方法，每头牛每天30～50g（一定要控制好量，防止中毒），分两次拌入精料中干喂，喂后6min内不能饮水。严禁饲喂冰冻、霉烂变质饲料和酸性过大的饲料。在分娩前30d进一步增加精饲料喂量，以不超过体重的1%为宜。同时，增加饲料中维生素、钙、磷和其他常量元素、微量元素的含量。在预产期前2～3周开始降低日粮中钙的含量，一般比营养需要量低20%。同时，保证日粮中磷的含量低于钙，有条件的可改喂围产期日粮，这样有利于防止母牛乳热症。分娩前最后一周，精饲料喂量应降低一半。

第三节　泌乳牛的饲养管理

泌乳牛是指处于泌乳期内的牛。泌乳期的饲养管理直接影响到牛产乳性能和繁殖性能，从而对经济效益产生影响。因此，必须加强牛泌乳期的饲养管理。

一、基本原则

正确的饲养管理是维护牛健康，发挥泌乳潜力，保持正常繁殖机能的基础工作。再好的牛，如果没有精心的饲养管理也难以达到高的泌乳量；相反，还极易造成牛患各种疾病，产生巨大经济损失。虽然在泌乳期的不同阶段饲养管理重点不同，但有许多基本的饲养管理技术在整个泌乳期都应该遵守执行。

（一）泌乳期饲养的基本原则

1. 科学确定和调制日粮

（1）瘤胃发酵的日粮消化特点　瘤胃在营养物质的消化过程中扮演着重要作用。瘤胃中含有各种微生物，可以大量消化、分解、利用含有高粗纤维的青粗饲料。因而牛的日粮应以青粗饲料为主，根据产奶量适当补充精饲料。瘤胃微生物能够利用尿素、氨等非蛋白氮合成瘤胃微生物蛋白，供机体利用。在牛日粮中，可以用非蛋白氮饲料代替部分优质蛋白质饲料。

（2）科学合理的日粮精粗比例　瘤胃的正常蠕动和发酵需要一定量的粗纤维。因此，牛日粮中必须含有适当比例的青粗饲料，以维持瘤胃正常机能。根据瘤胃的生理特点，以干物质计算精粗饲料的比例保持50：50，即精粗各半比较理想。切忌大量使用精饲料催奶。精饲料比例最高不超过65%，如果超过65%会使瘤胃内丙酸含量增加，瘤胃pH下降，将影响牛食欲和采食量，进而引起瘤胃弛缓、厌食、瘤胃酸中毒、皱胃移位、牛肥胖、繁殖性能下降、乳脂率下降等问题，严重损害牛的健康、产奶、繁殖和利用年限，降低经济效益。

因青绿、多汁饲料体积较大，其喂量应有一定的限度。如果饲喂过多，将会使精饲料采食不足，如果日粮中精饲料的比例低于40%，在牧草品质较差的情况下，就有可能导致牛能量和蛋白质摄入不足，乳中乳脂率虽然会增加，但乳蛋白和乳产量会大幅度下降，牛体重损失加剧，体况变差，影响健康。

（3）选择合适的饲料原料　牛喜食青绿、多汁饲料和精饲料，其次为青干草和低水分青贮饲料，对低质秸秆等饲料的采食性差。在以秸秆为主要粗饲料的日粮中，应将秸秆切短，最好用揉搓机揉成丝状，与精饲料或切碎的青绿、多汁饲料混合饲喂。对于谷物类饲料应先加工处理，制成配合饲料饲喂，一般不提倡整粒饲喂，这样会降低饲料利用率。但也不宜粉碎过细，过细同样会降低饲料利用率。有条件的地方可以对谷物饲料采用压扁或粗粉碎处理，对豆类饲料采用膨化处理，从而明显提高饲料的利用率。泌乳牛的饲料组分应尽量多样化，各种饲料合理搭配，可以弥补各种饲料自身养分的不均衡，又可以刺激牛的食欲，增加采食量。

（4）选用科学的饲料配制方案　尽管在泌乳期的不同阶段使用不同的饲料，但不管何种饲料都应遵守一个基本原则，即保证日粮中各种养分的比例均衡，能满足牛的维持和泌乳需要。饲料中任何一种养分缺乏都可能导致泌乳量下降或疾病的发生，即使不表现临床症状，也可能导致牛利用年限下降。因此，在饲养过程中，要严格按照牛饲养标准，科学配制不同饲养阶段的饲料，使其达到营养均衡。

（5）保持饲料的新鲜和洁净　牛喜欢新饲料，对受到唾液污染的饲料经常拒绝采食。所以，饲喂日粮时，应尽量少喂勤添，以使日粮具有良好的适口性，牛保持旺盛的食欲，有效减少饲料浪费。饲料发霉、变质会严重损害牛的健康，轻者会导致泌乳量下降，重者会导致死胎、流产。因此，必须保证饲料原料的新鲜。在饲料原料保存过程中，要做好防霉、防腐工作。出现发霉、变质现象，则严禁饲用。牛对饲料中的异物不敏感，这是由牛采食时不经咀嚼直接吞咽，采食结束后再通过反刍进行仔细咀嚼的采食特性所造成。饲料中含有泥沙过多会引起瘤胃消化机能障碍；含有塑料等难以消化的物品可能会导致网胃、瓣胃阻塞；含有铁钉、铁丝、玻璃等物品，轻则会导致瘤网胃发炎、穿孔，重则会刺伤心包，引起心包炎，导致死亡。所以，必须保证饲料的洁净。对于含泥沙较多的青粗饲料必须水洗、晾干后再饲喂；对于精饲料，应过筛除去泥沙后再使用。在饲料原料粉碎和铡短过程中，应使用磁铁等除去可能含有的铁丝等铁制物品。在饲料原料的收割、加工过程中，严禁混入玻璃、石块、塑料等异物。

（6）维护饲料供应的均衡和稳定　牛的日粮一旦确定后应尽量保持稳定，这是因为瘤胃微生物的种类和数量会随着日粮的变化而变化，但这种变化不像饲料类型的变化那么快。瘤胃微生物区系适应一种新的饲料约需 30d。因此，饲养泌乳牛不应频繁改变日粮。如果确需改变，一定要遵守逐渐替换的原则，即每 2d 用 20%～30%的新饲料替代原有饲料饲喂，以使瘤胃微生物逐渐适应，避免产生消化代谢紊乱。

2. 定时、定量饲喂　定时饲喂会使牛消化腺体的分泌形成固定规律，对于保持消化道内环境稳定、维持良好的消化机能、提高饲料的利用率非常重要。不定时饲喂会使消化酶的分泌失调，影响饲料的消化吸收，严重时会导致消化紊乱。牛每天的饲喂时间因饲喂次数不同而不同。饲喂次数增加有利于保持瘤胃内环境的稳定，增加饲料采食量，特别是粗纤维、非蛋白氮的利用率，提高乳脂率，降低酮病、乳房炎和蹄叶炎等的发病率。但饲喂次数增加会加大劳动强度和工作量。国内养殖场普遍采用日喂 3 次，部分养殖场采用 2 次。对高产牛最好采用日喂 3 次，产奶量低于 4 000kg 的牛可采用日喂 2 次。但不管采用几次饲喂，都应尽量使两次饲喂的时间间隔相近。例如，日喂 3 次，可采用每天 5：00、13：00、21：00 饲喂。较理想的方法是精饲料定时饲喂，粗饲料自由采食或采用全混合日粮定时饲喂。

牛在不同的泌乳阶段所需要的养分不同。因此，饲料的供给需要根据这种不同的需要定量饲喂。在牛需要大量养分时，如果饲料供给不足，会导致泌乳量大幅度下降，体况变差，甚至患各种疾病；反之，如果饲料供给过量，则会造成浪费，牛体况过肥，影响以后的泌乳和繁殖机能。

3. 合理的饲喂顺序　对于没有采用全混合日粮饲喂的牛场，应确定合理的精粗饲料的饲喂次序。饲喂次序不同会影响饲料采食量和饲料利用率，应根据不同牛场的实际情况和饲料种类以及季节确定精粗饲料的饲喂顺序。从营养生理的角度考虑，较理想的饲喂次序是粗饲料、精饲料、块根类多汁饲料、粗饲料。采用这种饲喂次序有助于促进唾液分泌，使精粗饲料充分混匀，增大饲料与瘤胃微生物的接触面，保持瘤胃内环境稳定，增加饲料的采食量，提高饲料利用率。在大量使用青绿饲料的夏天，因牛食欲较差，为了保证足量的养分摄入，应采用先精后粗的饲喂方法。为了提高生产效率，保证牛的营养需要，现代化的牛场多采用挤奶时饲喂精饲料，挤完奶后饲喂粗饲料的方法。在大量使用青贮饲料的牛场，多采用先饲喂青贮，然后饲喂精饲料，最后饲喂优质牧草的方法。但不管哪种饲喂次序，一旦确定后要尽量保持稳定，否则会打乱牛采食饲料的正常生理反应。

4. 充足、清洁、优质的饮水　水对牛健康和泌乳性能的影响比饲料更为重要。牛每天需水量60～100L，是干物质采食量的5～7倍。良好的水质和饮水条件能提高泌乳量5%～20%。牛的饮用水水质必须符合国家饮用水标准。牛的饮用水必须保持清洁，有条件的牛场最好采用自动饮水器。没有自动饮水器的养殖场除在饲喂后饮水外，还应在运动场设置饮水槽，供牛自由饮水，并及时更换，保持水的新鲜。饮用水的温度对牛也有较大影响。体重400kg的牛饮用冰水需要增加15%的饲料总能消耗。

水温过高或过低，都会影响牛的饮水量、饲料利用率和健康，特别是冰水能导致妊娠母牛流产。饮水温度因季节不同而不同。夏季温度稍微低一点有利于牛散热，冬季普通牛不应低于8.0℃，高产牛不应低于14.0℃。水温并非越高越好，牛长期饮用温水会降低其对环境温度急剧变化的抵抗力，更容易患感冒等疾病。

（二）泌乳期管理基本原则

1. 保持良好的卫生环境　良好的卫生对于牛场养殖成功有重要的影响。在养殖过程中，既要保证整个牛场的环境卫生，又要保证牛舍的卫生；既要保持牛体的卫生，又要保证所用器具的卫生。

牛场应在大门口设消毒池，并经常更换消毒液或生石灰，进出车辆和人员都要执行严格的消毒程序。牛场（包括牛舍）冬季每两个月消毒一次，其他季节每月消毒一次，夏季根据需要适当增加消毒次数。

牛舍要保持干燥、清洁、舒适，空气要保持新鲜。各种有害气体，特别是氨气，不能超过国家标准。粪尿、污水不得在牛舍积存。牛床如果使用垫草，要定期更换。

饲槽每天要刷洗一次，以避免剩余饲料发霉、变质后被牛采食，造成中毒。运动场上的饮水槽要每周清洗、消毒。其他用具（如挤奶用具）也要定期消毒。

要保持牛体卫生，每天应刷拭牛体2～3次。对牛体刷拭不仅能保证牛皮肤清洁和挤奶卫生，减少寄生虫病的发生，促进牛体血液循环和新陈代谢，夏天则有利于加快皮肤散热。经常刷拭牛体，还能培养牛温驯的性格以及与人的亲和力，有利于人工挤奶和管理。

2. 加强运动　对于拴系饲养的牛，每天要进行2～3h的户外运动。对于散养的牛，每天在运动场自由活动的时间不应少于8h。适宜的运动可促进血液循环，增进食欲，增强体质，防止腐蹄病和体况过肥，提高产奶性能等。户外运动还可促进维生素D的合成，提高钙的利用率，也便于观察发情和发现疾病。但应避免剧烈运动，特别是处于妊娠后期的牛。

3. 肢蹄护理　肢蹄的护理对于牛至关重要。在牛场肢蹄病造成的经济损失仅次于乳房炎。牛患肢蹄病轻者会引起行走困难，采食量和饮水量下降，导致泌乳量下降，重者会使牛无法站立而被迫淘汰。我国牛肢蹄病的发病率较高，在多雨的季节最高淘汰率高达1/5。因此，必须对牛进行肢蹄护理，以保持蹄形端正，肢势良好。

4. 乳房护理 乳房是牛的泌乳器官，是否护理好乳房直接决定经济效益的好坏。为此，必须加强乳房的护理工作。要保持乳房的清洁，这样可以有效减少乳房炎的发生；要经常按摩乳房，以促进乳腺细胞的发育。对高产牛要定期进行隐性乳房炎检测，一旦检出及时对症治疗。

5. 做好观察和记录 饲养员每天要认真观察每头牛的精神、采食、粪便和发情状况，以便及时发现异常。对于出现的情况，要做好详细记录。对可能患病的牛，要及时请兽医诊治；对于发情的牛，要及时请配种人员适时输精；对体弱、妊娠的牛，要给予特殊照顾，注意观察可能出现的流产、早产等征兆，以便及时采取保胎等措施。同时，要做好每天的采食和泌乳记录。发现采食或泌乳异常，要及时找出原因，并采取相关措施纠正。

二、泌乳初期的饲养管理

泌乳初期一般是指从产犊到产犊后15d以内的一段时间。也有人认为，应将时间延长到产后21d。对于干乳牛，泌乳初期通常划入围产期，称为围产后期。

泌乳初期母牛一般仍应在产房内进行饲养。分娩后，母牛体质较弱，消化机能较差。因此，此阶段饲养管理的重点是促进母牛体质尽快恢复，为泌乳盛期的到来打下良好的基础。

（一）泌乳初期的饲养

牛产后泌乳量迅速增加，代谢异常旺盛。如果精饲料饲喂过多，极易导致瘤胃酸中毒，并诱发其他疾病，特别是蹄叶炎。因此，泌乳初期传统的饲养方法多采用保守方法，即以恢复体质为主要目的，以恶露排净、乳房消肿等为主要标志。主要手段是在饲喂上有意识降低日粮营养浓度，以粗饲料为主，延长增喂精料的时间，不喂或少喂块根块茎等多汁类饲料、青贮饲料和糟粕类饲料。牛产后体况损失大，食欲差，采食量低，加上泌乳量快速增加对营养物质需求量急剧增加，即使采用高营养浓度的日粮仍不能满足牛的需要，而保守饲养方法使用的日粮营养浓度较低，这就会导致牛体况严重下降，影响牛健康和泌乳量。因此，在实际饲养中，须根据牛消化机能、乳房水肿及恶露排出等情况灵活饲养，切忌生搬硬套饲养标准或饲养方案。

1. 饮水 牛分娩过程中大量失水。因此，分娩后，要立即喂给温热、充足的麸皮水（表6-5），可以起到暖腹、充饥及增加腹压的作用，有利于体况恢复和胎衣排出。为促进子宫恢复和恶露排出，有条件的可补饮益母草、红糖水（表6-6）。整个泌乳初期都要保持充足、清洁、适温的饮水，一般产后一周内应给37～40℃的温水，以后逐步降至常温。但对于乳房水肿严重的牛，应适当控制饮水量。

表6-5　麸皮水的配制

成分	用量（kg）	成分	用量（kg）
麸皮	1～2	碳酸钙	0.05～0.10
食盐	0.10～0.15	温水	15.0～20.0

混合均匀，喂时温度调到35～40℃。

表6-6　益母草、红糖水的配制

成分	用量（kg）	备注
益母草	0.25～0.50	煎制成水剂
水	1.5～2.0	
红糖	1.00	与益母草水剂混匀，凉至40℃饮服
水	3.00	

每天1剂，连饮3d。

2. 饲料　牛分娩后消化机能差，食欲低，在日粮调配上要加强其适口性，以刺激食欲。必要时，可添加一些增味物质（如糖类、牛型饲料香味素等），还要保证日粮及其组分的优质、全价。

（1）粗饲料　在产后2～3d内以供给优质牧草为主，让牛自由采食。不喂多汁类饲料、青贮饲料和糟粕类饲料，以免加重乳房水肿。3～4d后，可以逐步增加青贮饲料喂量；7d后，在乳房消肿良好的情况下，可逐渐增加块根类和糟渣类饲料的喂量。至泌乳初期结束，达到每天青贮喂量20kg，优质干草3～4kg，块根类5～10kg，糟渣类15kg。

（2）精饲料　分娩后，日粮应立即改喂阳离子型的高钙日粮（钙占日粮干物质的0.7%～1%）。从第二天开始逐步增加精料，每天增加0.5～1.0kg。至产后第7～8天达到给料标准，但喂量不超过体重的1.5%。产后8～15d根据牛的健康状况，增加精料喂量，直至泌乳高峰到来。到产后15d，日粮干物质中精料比例可达到50%～55%，精料中饼类饲料应占到25%～30%。每头牛每天还可补加1～1.5kg全脂膨化大豆，以弥补过瘤胃蛋白和能量的不足。快速增加精饲料，目的主要是为了迎接泌乳高峰的到来，并尽量减轻体况的负平衡。在整个精料增加过程中，注意观察牛的变化。如果出现消化不良和乳房水肿迟迟不消的现象，需降低精饲料喂量，待恢复正常后再增加。精饲料的增加幅度应根据不同的个体区别对待。对产后健康状况良好，泌乳潜力大，乳房水肿轻的牛可加大增加幅度；反之，则应减小增加幅度。

（3）钙、磷　虽然各种必需矿物质对牛都重要，但钙、磷具有特别重要的意义。这是由于分娩后牛体内的钙、磷处于负平衡状态，再加上泌乳量迅速增加，钙、磷消耗增大。如果日粮提供不足，就会导致各种疾病，如乳热症、软骨症、肢蹄症和牛倒地综合征等。因此，日粮中必须提供充足的钙、磷和维生素D。产后10d，每头每天钙摄入量不低于150g，磷不低于100g。

（4）注意事项　在配制饲料时，为防止瘤胃酸中毒，须限制饲料中能量浓度，加上在泌乳初期较难配出满足过瘤胃非降解蛋白需求的饲料。因此，在此期内牛动用体能和体蛋白储备不可避免。另外，高钾日粮和过高的非蛋白氮会抑制镁的吸收，故应增加日粮镁的含量。在热应激期应增加钾的供给量。日粮高钼、铁、硫会影响铜的吸收，在此情况下应增加铜的供给量。当日粮中含有高浓度的致甲状腺肿物质时，应增加碘的供给量。

（二）泌乳初期的管理

1. 分娩　在产前，要准备好用于接产和助产用具、器械、药品。在母牛分娩时，要细心照顾，合理助产，严禁粗暴。对于初产牛，因产程较长，更应仔细看管，耐心等待。牛分娩时，应使其采用左侧躺卧体位，以免胎儿受瘤胃压迫导致难产。母牛分娩后，尽早驱使其站立，有利于子宫复位和防止子宫外翻。但因分娩过程中母牛体力消耗，应尽量保证牛的安静休息。对初生犊牛，要进行良好的护理。

2. 挤奶　牛分娩后，第一次挤奶的时间越早越好。提前挤奶，有助于产后胎衣的排出。同时，能使初生犊牛及早吃上初乳，有利于犊牛的健康。一般在产后0.5～1h开始挤奶。挤奶前，先用温水清洗牛体两侧、后躯、尾部，并把污染的垫草清除干净；然后，对乳房进行热敷和按摩；最后，用0.1%～0.2%的高锰酸钾溶液药浴乳头。挤乳时，每个乳区挤出的头两把乳必须废弃。

分娩后，最初几天挤乳量的多少目前存在争议。过去的研究认为产后最初几天挤乳切忌挤净，应保持乳房内有一定的余乳。如果把乳挤干，由于乳房内血液循环和乳腺细胞活动尚未适应大量泌乳，会使乳房内压显著降低，钙流失加剧，极易引起产后瘫痪。一般程序为：第一天只要挤出够小牛吃的即可，为2～2.5kg；第二天每次挤奶量约为产乳量的1/3；第三天约为1/2；第四天约为3/4；从第五天开始，可将奶全部挤出。但最新研究表明，牛分娩后立即挤净初乳，可刺激牛加速泌乳，增进食欲，降低乳房炎的发病率，促使泌乳高峰提前到达，且不会引起产后瘫痪。

3. 乳房护理　分娩后，乳房水肿严重，在每次挤奶时都应加强热敷和按摩，并适当增加挤奶次数。每天最好挤奶4次以上，这样能促进乳房水肿更快消失。如果乳房消肿较慢，可用40%硫酸镁温水洗涤，并按摩乳房，可以加快水肿的消失。

4. 胎衣检测　分娩后，要仔细观察胎衣排出情况。一般分娩后4～8h胎衣即可自行脱落，脱落后应立即移走，以防牛吃掉，引起瓣胃堵塞。胎衣排出后，应将外阴部清除干净，用1%～2%新洁尔灭彻底消毒，以防生殖道感染。如果分娩后12h胎衣仍未排出或排出不完整，则为胎衣不下，需要请兽医处理。

5. 消毒　产后4～5d内，每天坚持消毒后躯1次，重点是臀部、尾根和外阴部，要将恶露彻底洗净。同时，加强监护，注意观察恶露排出情况。如有恶露闭塞现象，即产后几天内仅见稠密透明分泌物而不见暗红色液态恶露，应及时处理，以防发生产后败血症或子宫炎等。

6. 日常观测　牛分娩后，要注意观察阴门、乳房、乳头等部位是否有损伤、有无瘫痪等疾病发生征兆。每天测1～2次体温，若有升高要及时查明原因，并请兽医对症处理。同时，要详细记录牛在分娩过程中是否出现难产、助产、胎衣排出情况、恶露排出情况以及分娩时牛的体况等，以备后期根据上述情况有针对性地处理。

三、泌乳盛期的饲养管理

泌乳盛期又称泌乳高峰期。泌乳盛期一般是指母牛分娩后16d到泌乳高峰期结束之间的一段时间（产后16～100d）。但也有人认为，应将泌乳21～100d称为泌乳盛期。

泌乳盛期是牛平均日泌乳量最高的阶段，峰值泌乳量直接影响整个泌乳期的泌乳量。一般峰值泌乳量每增加1kg，全期泌乳量能增加200～300kg。因此，必须加强泌乳盛期的管理，精心饲养。

（一）泌乳盛期的饲养

泌乳盛期是饲养难度最大的阶段，因为此时泌乳处于高峰期，而母牛的采食量尚未达到高峰。采食峰值滞后于泌乳峰值约1.5个月，使牛摄入的养分不能满足泌乳的需要，不得不动用体储备来支撑泌乳。因此，泌乳盛期开始阶段体重仍有下降，最早动用的体储备是体脂肪，在整个泌乳盛期和泌乳中期的牛动用的体脂肪约可合成1t乳。如果体脂肪动用过多，在葡萄糖不足和糖代谢障碍的情况下，脂肪会氧化不全，导致牛暴发酮病，对牛体损害极大。

1. 饲养要点

（1）优质粗饲料　泌乳盛期牛日粮中所使用的粗饲料必须保证优质、适口性好。干草以优质牧草为主，如优质苜蓿、三叶草、红豆草、小冠花等豆科牧草，黑麦草、燕麦草、羊草青干草；青贮最好是全株玉米青贮。同时，饲喂一定的啤酒糟、白酒糟或其他青绿多汁饲料，以保持牛良好的食欲，增加干物质采食量。饲料喂量，以干物质计不能低于牛体重的1%。冬季加喂胡萝卜、甜菜等多汁饲料。每天喂量可达15kg。

（2）优质全价配合精料　必须保证足够的优质全价配合精料的供给。喂量要逐渐增加，以每天增加0.5kg左右为宜。但精料的供给量并非越多越好。一般认为，精料的喂量不超过15kg，精料占日粮总干物质的最大比例不宜超过60%。在精料比例高时，要适当增加精料饲喂次数，采取少量多次饲喂的方法；或使用TMR日粮，可有效改善瘤胃微生物的活动环境，减少消化障碍、酮血症、产后瘫痪等的发病率。

（3）满足能量需要　在泌乳盛期，牛对能量的需求量大，即使达到最大采食量，仍无法满足泌乳的能量需要，牛必须动用体脂肪储备。饲养的重点是供给适口性好的高能量饲料，并适当增加喂量，将体脂肪储备的动用量降到最低。但因高能量饲料基本为精料，而精料饲喂过多对牛健康的损害较大。在这种情况下，可以通过添加过瘤胃脂肪酸、植物油、全脂大豆、整粒棉籽等方法提高日粮能量浓度，而不增加精料喂量。

（4）满足蛋白质的需要　虽然牛最早动用的储备是体脂肪，但在营养负平衡中缺乏最严重的养分是蛋白，这是由于体蛋白用于合成乳的效率不如体脂肪高，体储备量又少。牛每减重1kg所含有的能量约可合成6.56kg乳，而所含的蛋白仅能合成4.8kg。牛可动用的体蛋白储备可合成150kg左右的乳，仅为体脂肪储备合成能力的1/7。因此，必须高度重视日粮蛋白质的供应。如果蛋白质供应不足，会严重影响整个日粮的利用率和泌乳量。实践表明，高产牛以饲喂高能量、满足蛋白需要的日粮效果最好。

牛日粮蛋白质中必须含有足量的瘤胃非降解蛋白，如过瘤胃蛋白、过瘤胃氨基酸等以满足牛对氨基酸特别是赖氨酸和蛋氨酸的需要。日粮中过瘤胃蛋白含量应占到日粮总蛋白质的40%左右。目前，已知的过瘤胃蛋白含量较高的饲料有玉米蛋白粉、小麦面筋粉、啤酒糟、白酒糟等，这些饲料适当多喂对增加牛泌乳量有良好效果。

（5）满足钙、磷的需要及适当的钙、磷比　泌乳盛期牛对钙、磷的需要量大幅度增加，必须及时增加日粮中钙、磷含量。钙的含量一般应占到日粮干物质的0.6%～0.8%，钙、磷比为1.5∶1。

2. 饲喂方法　在种草养牛生产中，建议采用应用范围较广的“预付”饲养法。其方法是从牛产后15～20d开始，在吃足粗饲料、青贮饲料和青绿、多汁饲料的前提下，以满足维持和泌乳实际营养需要的饲料量为基础，每天再增加1.0～1.5kg混合精料，作为牛每天实际饲料供给量。在整个泌乳盛期，精饲料的喂量随着泌乳量的增加而增加，始终保持1.0～1.5kg的“预付”，直到泌乳量不再增加为止。采取“预付”饲养法的时间不能过早，以分娩后牛的体质基本康复为前提。否则，容易导致各种消化道疾病。采用“预付”饲养法可以充分发挥牛的泌乳潜力，减缓体况下降的速度。

（二）泌乳盛期的管理

由于泌乳盛期的管理涉及整个泌乳期的产乳量和牛健康。因此，泌乳盛期的管理至关重要。泌乳期管理的目的是要保证泌乳量不仅升得快，而且泌乳高峰期要长且稳定，以求最大限度地发挥泌乳潜力，获得最大泌乳量。

1. 泌乳盛期乳房的护理　泌乳盛期是乳房炎的高发期，要着重加强乳房的护理。可适当增加挤乳次数，加强乳房热敷和按摩。每次挤乳后对乳头进行药浴，可有效减少乳房受感染的概率。

2. 应适当延长饲喂时间　泌乳盛期牛日粮采食量较大，宜适当延长饲喂的时间。每天食槽空置的时间应控制在 2～3h 以内。饲料要少喂勤添，保持新鲜。

3. 粗精饲料的饲喂　饲喂时，如果不使用 TMR 日粮，可采用精料和粗料交替饲喂。以保持牛旺盛的食欲。散养时，要保证有足够的食槽空间，以使每头牛都能充分采食草料。每天的剩料量控制在 5%左右。

4. 保证充足、清洁的饮水　在饲养过程中，应始终保证充足清洁的饮水。冬季有条件的要饮温水，水温在 16℃以上；夏季最好饮凉水，以利于防暑降温，保持牛食欲。要创造条件，应用自动化饮水设施。

5. 适时配种　要密切注意牛产后的发情情况。牛出现发情后，要及时配种。高产牛的产后配种时间以产后 70～90d 较佳。

四、泌乳中期的饲养管理

泌乳中期是指泌乳盛期过后到泌乳后期之前的一段时间，一般为牛分娩后 101～200d。该期是牛泌乳量逐渐下降、体况逐渐恢复的重要时期。泌乳中期牛多处于妊娠早期和中期，每天产乳量仍然很高，是获得全期稳定高产的重要时期，泌乳量应力争达到全期泌乳量的 30%～35%。本期饲养管理的目标是最大限度地增加牛采食量，促进牛体况恢复，延缓泌乳量下降速度。

（一）泌乳中期牛的饲养

泌乳中期牛的食欲极为旺盛，采食量达到高峰（一般在分娩后 85～100d）。同时，随着妊娠天数的增加，饲料利用效率提高，泌乳量下降。饲养者应及时根据牛体况和泌乳量调整日粮营养浓度，在满足蛋白和能量需要的前提下，适当减少精料喂量，逐渐增加优质青、粗饲料喂量，力求使泌乳量下降幅度降到最低。

在饲养方法上可采用常规饲养法，即以青粗饲料和糟渣类饲料等满足牛的维持营养，用精饲料满足泌乳的营养需要。一般按照每产 3kg 奶喂给 1kg 精料的方法确定精饲料喂量。这种方法适合于体况正常的牛。

（二）泌乳中期牛的管理

泌乳中期牛的管理相对容易些，主要是尽量减缓泌乳量的下降速度，控制牛的体况在适当的范围内。

1. 密切关注泌乳量的下降 牛进入泌乳中期后，泌乳量开始逐渐下降。但每月泌乳量的下降率应保持在5%～8%。如果每月泌乳量下降超过10%，则应及时查找原因，对症采取措施。

2. 控制牛体况 随着产乳量的变化和牛采食量的增加，分娩后160d左右牛的体重开始增加。实践证明，精饲料饲喂过多是造成牛过肥的主要原因，而牛过肥会严重影响泌乳量和繁殖性能。因此，应每周或隔周根据泌乳量和体重变化调整精饲料喂量。

3. 加强日常管理 虽然泌乳中期的管理相对简单，但也不能放松日常管理，应坚持刷拭牛体、按摩乳房、加强运动、保证充足饮水等管理措施，以保证牛的高产、稳产。

五、泌乳后期的饲养管理

泌乳后期是指泌乳中期以后，直至干乳期以前的一段时间，一般指分娩后第201天至停乳。此期是牛产乳量急剧下降、体况继续恢复的时期，泌乳量头胎牛每月降低约6%，经产牛每月降低9%～12%。泌乳后期的牛一般处于妊娠期。在饲养管理上，除要考虑泌乳外，还应考虑妊娠。对于头胎牛，还要考虑生长因素。因此，此期饲养管理的关键是延缓泌乳量下降的速度。同时，使牛在泌乳期结束时恢复到一定的膘情，并保证胎儿的健康发育。

（一）泌乳后期牛的饲养

与其他泌乳期相比，泌乳后期的饲养易被忽视。实际上，泌乳后期对牛是一个非常重要的时期，国外非常重视加强泌乳后期的饲养。这是由于泌乳后期牛采食的营养物质用于增重的效率要比干乳期高，如牛泌乳后期将多余的营养物质转化为体脂的效率为61.6%～74.7%，而干乳期仅为48.3%～58.7%。因此，充分利用泌乳后期使牛达到较理想的膘情，会显著提高饲料利用率。泌乳后期还为下一个泌乳期作准备，应确保牛在此期获取足够的营养以补充体内营养贮存。如果牛营养摄入不足导致体况过差，干乳期又不能完全弥补，会使牛在下一个泌乳期泌乳量低于遗传潜力，导致繁殖效率低下；但如果营养过高，体况过好，又容易在产犊时患代谢性疾病（如酮病、脂肪肝、真胃移位、胎衣不下、子宫炎、子宫感染和卵巢囊肿等）。因而，必须高度重视泌乳后期牛的饲养，让牛在泌乳期结束时获得较理想的体况，干乳期能够维持即可。

泌乳后期牛的饲养除了考虑泌乳需要外，还要考虑妊娠。对于头胎牛，还必须考虑生长的营养需要。应保持牛具有 0.5～0.75kg 的日增重。日粮应以青粗饲料特别是青干草为主，适当搭配精料。同时，降低精料中非降解蛋白特别是过瘤胃蛋白或氨基酸的添加量，停止添加过瘤胃脂肪，限制小苏打等添加剂的饲喂，以节约饲料成本。

（二）泌乳后期牛的管理

泌乳后期牛的管理应考虑其泌乳的特性。

1. 单独配制日粮　泌乳后期牛的日粮最好单独配制。一可以确保牛达到理想的体脂贮存；二减少饲喂价格昂贵的饲料，如过瘤胃蛋白和脂肪，降低饲养成本；三可增加粗饲料比例，有利于确保牛瘤胃健康。

2. 科学分群、单独饲喂　泌乳后期牛的饲料利用率较高，精饲料需要量少，单独饲喂会显著降低饲养成本。同时，如果该阶段牛膘情差别较大，最好分群饲养。根据体况分别饲喂，可有效预防牛过肥或过瘦，并在整个干乳期得以保持，这样可以确保牛营养储备，满足下一个泌乳期泌乳的需要。

3. 做好保胎工作　按照青年牛妊娠后期饲养管理的措施，做好保胎工作，防止流产。

4. 直肠检查　干乳前应进行一次直肠检查，以确定妊娠情况。对于双胎牛，应合理提高饲养水平，并确定干乳期的饲养方案。

第四节　干乳牛的饲养管理

所谓干乳牛是指在牛妊娠的最后 60d，采用人工的方法使其停止泌乳，停乳的这一时间成为干乳期。

传统的干乳期从停止挤奶开始，到产犊结束。干乳期可划分为前期和后期。从停乳到产犊前 15d 为干乳前期，产犊前 15d 至产犊为干乳后期。随着研究的深入，将干乳后期和泌乳前期单独划分出来，合称为围产期，干乳后期为围产前期，泌乳前期为围产后期。

一、干乳前期的饲养管理

（一）干乳前期的饲养

干乳期牛，应尽量降低精饲料、糟渣类和多汁类饲料的喂量。待乳房内的乳汁被吸收开始萎缩时，即可逐步增加精料和多汁料，5～7d 后即可按妊娠干乳期的饲养标准进行饲养。

在干乳期饲养过程中，除应参照妊娠后期的饲养要点外，还应注意以下几点。

1. 提高日粮中青粗饲料比例　干乳前期牛以青粗饲料为主，日粮干物质供给量应控制在牛体重的1.8%～2.5%。其中，饲草的含量应达到日粮干物质的60%以上。糟渣类和多汁类饲料不宜饲喂过多，以免压迫胎儿，引发早产。理想的粗饲料为青干草和优质青刈牧草，也可以适当饲喂氨化麦秸。如果不采用TMR日粮，干草最好自由采食。饲草的长度不能太短，其中，长度为3.8cm以上的干草每天采食量不应少于2kg，这有助于瘤胃正常机能的恢复与维持。

精料喂量应根据青贮质量、饲草质量和牛的体况灵活掌握，切忌生搬硬套。对于体况良好、日粮中粗饲料为优质青干草，且玉米青贮每天喂量9kg以上的牛，精料可不喂或少量补充。对营养不良、体况差的牛应每天给予1.5～3.0kg精料，使其体重比泌乳盛期提高10%～15%，在分娩前达到较理想的体况。但粗饲料质量差，牛食欲差或冬季气候寒冷时也要适当补充精饲料，使其维持中上等的体况，保证下个泌乳期获得更高的产乳量。但要注意，精料喂量最大不宜超过体重的0.6%～0.8%，以防牛产犊时过肥，造成难产和代谢紊乱。

一般干乳牛的日粮组成为每头每天饲喂8～10kg优质青干草、7～10kg糟渣类和多汁类饲料，8～10kg品质优良的青贮饲草和1～4kg混合精料。

2. 适当限制能量和蛋白质的摄入 干乳期的牛能量需要远远低于泌乳期。如果营养过剩，极易造成牛过肥，造成难产和代谢紊乱，威胁母子安全。因此，必须严格限制牛干乳期的能量摄入量。全株玉米青贮每头每天的喂量不宜超过13kg或粗饲料干物质的50%。同时，也应避免由于限制能量摄入而导致日粮干物质进食量不足。

牛干乳期摄入过多的蛋白质极易导致乳房水肿。因此，应限量饲喂豆科牧草和半干青贮，喂量一般不宜超过体重的1%或粗饲料干物质的30%～50%。

3. 合理供给矿物质和维生素 要高度重视干乳期日粮中矿物质和维生素的平衡，特别是钙、磷、钾和脂溶性维生素的供给量。

（1）避免摄入过量的钙 高钙易诱发产乳热，同时，保持钙、磷比为（1.5～2.0）：1。当粗饲料以豆科饲草为主时，应提高矿物质中磷的添加量。

（2）注意日粮中钾的水平 若日粮中钾的含量超过1.5%，会严重影响镁的吸收，并抑制骨骼中钙的作用，使产乳热、胎衣滞留和牛倒地综合征的发生率大幅度提高。同时，可能影响牛分娩后的食欲，延长子宫复原的时间。日粮中钾的推荐量为0.65%～0.80%。

（3）控制食盐的用量 食盐可按日粮干物质的0.25%添加；也可和矿物质制成舔砖，放置在运动场的矿物槽内，让其自由舔食。

（4）保证脂溶性维生素的供给 产后胎衣滞留与维生素A、维生素E的缺乏有关。维生素E缺乏还会降低牛抗病力，增加乳腺炎发病率。给干乳牛每天提供 2 500μg 的维生素 E，可使干乳期乳腺炎的发病率降低 20%。维生素 A 供给量主要取决于饲料的质量。如果日粮粗饲料以青干草和优质牧草为主，维生素 A 可不补充或少量补充；若以玉米青贮和质量低劣的干草为主，则需大量补充。维生素 D 一般不会缺乏，但当牛采食直接收割的牧草或青贮料，应补充维生素 D。

4. 初产牛应严格控制缓冲剂的使用 对初产牛应禁止在日粮中使用小苏打等缓冲剂，以减少乳房水肿和产乳热的发生。对经产牛也应降低缓冲剂的使用量。

（二）干乳前期的管理

干乳期处于妊娠后期，管理的重点是做好保胎工作。同时，要尽量缩短干乳时间，预防乳腺炎的发生，维持牛较理想的体况，维护牛健康。在管理上，除要做好妊娠后期的管理外，还应做好以下工作。

1. 科学干乳 干乳是干乳期之前最重要的一环，处理不好会严重影响干乳期的效果，引发乳腺炎。因而必须严格按照技术规程操作。

（1）乳腺炎检查 干乳期前是治疗乳腺炎的最佳时期。因此，在预定干乳日的前 10～15d 应对牛进行隐性乳腺炎检查。对于患有乳腺炎的牛及时进行治疗，治愈后再进行干乳。

（2）干乳的方法 牛在接近干乳期时，乳腺的分泌活动仍在进行，高产牛甚至每天还能产乳 10～20kg。但不论泌乳量多少，到了预定干乳日后，均应采取果断措施实行干乳，否则会严重影响下一个泌乳期的泌乳量。

（3）干乳期的长短 应视牛的年龄、体况和泌乳性能等具体情况而定。原则上，对头胎、年老体弱和高产牛以及产犊间隔较短的牛，宜适当延长干乳期，但最长不宜超过 70d，否则容易使牛过于肥胖；而对于体况良好、泌乳量低的牛，可以适当缩短干乳期，但最短不宜少于 40d，否则乳腺组织没有足够的时间得到更新和修复。干乳期少于 35d，会显著影响下一个泌乳期的泌乳量。

2. 分群管理 在体重基本相同的情况下，与日产乳量 13～14kg 的泌乳牛相比，干乳牛所需的营养要少。例如，粗蛋白只相当于泌乳牛需要量的一半，能量、钙、磷需要量也只相当于 50%～60%。因此，应及时将干乳牛从泌乳牛群中分出，单独或组群饲养。否则，较难控制干乳牛的营养水平，极易导致干乳牛过肥；而且，经产妊娠牛在生理状态、生活习性等方面比较相似，单群、单舍饲养也便于重点护理。对于没有条件对干乳牛分群饲养的牛场，应对干乳牛的上、下槽适当照应，采取“晚上槽、早下槽”的管理方法，即上槽时等泌乳牛各就各位后再放干乳牛上槽，下槽时等干乳牛下槽后再让泌乳牛下槽，可明显减少撞伤和流产事故。

3. 加强户外运动，多晒太阳 维生素D对牛钙、磷的正常吸收和代谢具有重要作用。牛体内含有丰富的7-脱氢胆固醇，经阳光照射后能转化为维生素D_3。青干草中含有的麦角固醇经阳光照射后也可转化为维生素D_2。因此，多饲喂经阳光照射晒制的青干草可有效预防干乳牛维生素D的缺乏。

二、干乳后期牛的饲养管理

干乳后期即围产前期，之所以将围产期单独划分出来是由于此期的饲养管理具有不同于其他饲养阶段的特殊性和重要性。围产前期的饲养管理直接关系到犊牛的正常分娩、母牛分娩后的健康及产后生产性能的发挥和繁殖表现。

（一）干乳后期牛的饲养

牛在干乳后期临近分娩，这一阶段除应注意干乳期的一般饲养要求外，还应视母牛的体况和乳房肿胀程度等情况灵活把握，做好一些特殊的饲养工作。

1. 增加营养状况不良母牛的精料喂量 产前7～10d因子宫和胎儿压迫消化道，加上血液中雌激素和皮质醇浓度升高，使牛采食量大幅度下降（20%～40%）。因此，要增加日粮营养浓度，以保证牛营养需要。但产前精料的最大喂量不宜超过体重的1%。

2. 母牛临产前应尽量避免乳房肿胀的发生 母牛临产前一周会发生乳房肿胀。如果情况严重，应减少糟渣类饲料的喂量。临产前2～3d，日粮中适量添加小麦麸以增加饲料的轻泻性，防止便秘。如果乳房水肿严重，应降低精料喂量，同时减少食盐喂量。

3. 日粮的改变 过渡日粮粗饲料应以优质饲草为主，以增进牛对粗饲料的食欲。日粮同时逐步向产后日粮过渡，每天饲喂一定量的玉米青贮，可有效避免产后因日粮变动过大而影响牛食欲。

4. 补充维生素和微量元素 在围产前期牛的日粮中添加足量的维生素A、维生素D、维生素E和微量元素，使牛机体在产前对维生素和微量元素产生相应的储备，对产后子宫的恢复、提高产后配种受胎率、降低乳腺炎发病率、提高产奶量具有良好作用。

5. 预防牛产后酮病的发生 根据母牛体况，采取相应措施，预防牛产后酮病的发生，是这一阶段饲养的主要任务之一。在分娩前7～10d一次灌服320g丙烯乙二醇，可有效降低体脂肪的分解代谢，减少产后酮病的发生。在分娩前2周和产后最初10d内，每天饲喂6～12g烟酸，可有效降低血酮的含量。

6. 适当降低日粮钙含量 研究表明，在围产前期采用低钙日粮，围产后期采用高钙日粮，能有效防止产后瘫痪的发生。一般将钙含量由占日粮干物质的0.6%降低到0.2%。采用此法的原理是根据牛体内的血钙水平受甲状旁腺释放甲状旁腺素的调节。当日粮中钙供应不足时，甲状旁腺分泌加强，牛动用骨钙以维持正常血钙水平。牛分娩后，采食高钙日粮，外源钙摄入大幅度增加，从而可有效弥补产后由于大量泌乳导致的钙损失，减少产后瘫痪的发生。

7. 在日粮中添加阴离子矿物盐　在围产前期牛日粮中添加阴离子盐使阴阳离子平衡，可有效降低血液和尿液 pH，促进分娩后日粮钙的吸收和代谢，提高血钙水平，减少乳热症的发生。常用阴离子矿物盐有氯化铵、硫酸铵、硫酸镁、氯化镁、氯化钙和硫酸钙等。其中，硫酸盐适口性较好，氯化物适口性差。但总的来说，阴离子矿物盐适口性差，为避免影响牛采食量，最好将阴离子盐与其他饲料混合制成 TMR 饲喂。没有应用 TMR 条件的，也要将精料与阴离子矿物盐充分混合后饲喂。

（二）干乳后期牛的管理

干乳后期即围产前期，管理的重点是做好保健工作，预防生殖道和乳腺的感染，减少代谢性疾病的发生。

1. 牛产前处理　在产前 7～10d 母牛后躯及四肢用 2%～3%来苏儿溶液洗刷消毒后，方可转入产房，并办理好转群记录登记和移交工作。产前检查后，由专人护理，随时注意观察牛的变化。天气晴朗时，要驱牛出产房做运动。

牛到达预产期前 1～2d，应密切观察临产征候，并提前做好接产和助产准备。

2. 产房处理　产房门口最好设单独的消毒池或消毒间。产房应预先用 2%火碱水喷洒消毒，冲洗干净后铺上清洁干燥的垫草，并建立和坚持日常清洁消毒制度。要保持牛床清洁，勤换垫草。

3. 工作人员　产房工作人员要求责任心较强，同时具备一定的接产、助产技术。工作人员进入产房要穿工作服，用消毒液洗手。

第五节　种公牛的饲养管理

一、种公牛的主要生理特性

1. 记忆力强　种公牛对于其周围的人和事物，只要过去接触过，便能记住，多年也不会忘记。例如，过去给它进行过治疗的兽医人员或曾严厉鞭打过它的人，接近时会有反感的表现。因此，必须指定专人进行饲养，管理员不能经常更换。在给种公牛治疗疾病时，饲养员应尽量避开，以免给以后的饲养管理工作带来麻烦。

2. 抵御反射强　种公牛具有较强的自卫性，当陌生人接近它时，立即表现出警惕不安或进行攻击的态势。因此，不了解公牛特性的外来人，切勿轻易接近它。

3. 性反射强 公牛在采精时，勃起反射、爬跨反射与射精反射都很快，射精时冲力大。若过长时间不采精，或采精技术不良，公牛的性格往往变坏，容易出现顶人的恶癖，或者形成自淫的坏习惯。

二、神经活动类型

1. 兴奋型 属于气质兴奋的种公牛，常见于乳用品种，如爱尔夏牛。这种牛易受外界刺激而表现兴奋、好动和不安，性欲旺盛，无论在什么环境下一般都不会发生难以采精的现象。甚至在同一条件下进行频繁的配种或采精，其性反射依然是稳定的。这种公牛性格比较暴躁，在饲养管理上要求耐心、细致。

2. 活泼型 属于这种类型的种公牛，其特点是富有精力、活泼，性欲旺盛，如荷斯坦牛。该类型牛处在完全新的环境中配种时，只在短暂时间内出现抑制现象，随即出现条件反射和完全的性行为。对这种公牛，在采精或配种前只要稍微控制它一下，就会做好充分准备，从而完成射精。但在同一条件下进行多次配种或采精时，很快出现抑制现象，表现为萎靡不振、怠惰。为了保持公牛旺盛的性活动力，最好不要在同一地方进行长期的采精或配种工作，或者可改变对公牛的刺激条件，如改换台牛、采精员衣服，或者让2～3头发情母牛在场等。

3. 安静型 这类种公牛不活泼，也不易兴奋，抑制超过兴奋，常见于肉用牛或肉乳兼用品种，如西门塔尔牛、短角牛、海福特牛等。此种类型的公牛对新环境的熟悉很慢，性活动的条件反射也比兴奋型和活泼型慢得多。故在配种或采精前不需控制它。由于这类公牛好静而不爱动，易在体内沉积脂肪而变肥，以致精神萎靡不振，没有活力。因此，对这种公牛要有正确的饲养和管理制度，加强运动，延长运动时间，但运动的速度宜缓慢。

4. 懦弱型 属于这种类型的公牛，其特点是胆怯。它在新的环境下配种时，出现长时间外抑制。这种牛很难习惯于人工采精，只能通过耐心训练，使之逐渐适应。在交配或采精时不允许高声喧哗，非工作人员禁止入场，并禁止任何打扰，保持环境安静。对这种公牛，采精时要选择安静和发情旺盛的母牛做台牛，否则会因母牛不安而影响性反射。

三、种公牛的饲养

1. 种公牛的日粮要求 种公牛的日粮应从蛋白质、能量、矿物质、维生素等各个方面考虑，日粮的营养水平应根据其体重、体况、配种负荷，参照《种公牛的饲养标准》执行，以满足种公牛维持、生长、采精等各个方面的营养总需要。

总的要求是营养丰富，适口性好，易消化，容积不能太大，要精、粗、青绿多汁饲料搭配使用，避免饲喂大量容积大的青粗饲料和多汁饲料，以免形成“草腹”影响采精和配种。

2. 蛋白质与能量　蛋白质是生命的重要物质基础，是维持正常生命活动，构成机体组织、器官的重要物质。蛋白质还是体内多种生物活性物质的组成部分，如牛体内的酶、激素、抗体等都是以蛋白质为原料合成的，同时也是形成精子的重要物质。因此，对于公牛来说，蛋白质不仅仅是维持生命，同时还有维持和提高繁殖性能的意义。当日粮中缺乏蛋白质时，后备公牛生长缓慢或停止，体重减轻；成年公牛体重下降。蛋白质缺乏可造成公牛的繁殖机能降低，脑垂体不能分泌足够的促性腺激素，睾丸中精子的生长受阻，长期缺乏则公牛的射精量和精子数急剧下降。因每次射精需粗蛋白 90g，故体重 1 000kg 的种公牛每天需粗蛋白 1 094g，在采精或配种高峰期应增加 50%～100%。育成公牛日粮中粗蛋白质含量不得低于 12%。但是，过多地供给蛋白质，不仅造成浪费，而且长期饲喂蛋白质过高的饲料，易使体内产生大量有机酸和其他代谢产物。这些代谢产物的排泄加重了肝、肾的负担，来不及排出的代谢产物可导致中毒，对形成精子不利，使公牛繁殖能力下降，精液品质下降。

尽管动物性饲料的生物学价值较高，所含蛋白质有利于精液和精子的形成，但它们常常也是病原微生物和有毒有害物质的携带者，会给畜禽健康、疾病防治、食品安全和人类健康带来很大的威胁。因此，自 20 世纪 90 年代以来，我国与其他许多国家先后均发布指令，禁用动物性来源的饲料饲喂反刍动物。

种公牛所需的能量来源于饲料中的碳水化合物、脂肪和蛋白质三大类营养物，最主要的能量来源是从饲料中的碳水化合物在瘤胃的发酵产物挥发性脂肪酸中取得的。维持种公牛生命的全过程和机体活动，如维持体温、消化吸收、营养物的代谢，以及生长、繁殖等均需消耗能量才能完成。当能量水平不能满足需要时，体重下降，后备公牛睾丸和副性腺发育不良，性成熟推迟，精液质量差；成年公牛性机能减退，性欲降低。能量过剩，可造成机体能量大量沉积，使公牛过肥，繁殖力下降，性欲下降和性机能衰退。因此，合理的能量营养水平对提高种公牛能量利用率、保证种公牛健康、提高生产力具有重要意义。碳水化合物饲料（如玉米）不宜多喂，否则易造成公牛过肥，降低其性欲和配种能力。

3. 维生素　维生素是一类化学结构不同、生理功能和营养作用各异的低分子有机化合物。它们既不是构成牛体组织器官的主要原料，也不是能量的来源，却是维持牛体正常代谢所必需的，对维持牛的生命和健康、生长和繁殖有着十分重要的作用。牛的瘤胃微生物能合成 B 族维生素和维生素 K，体组织能合成维生素C，一般情况下对种公牛比较重要的是维生素A、维生素D、维生素E，其中以维生素A最为重要。若体内缺乏维生素A，就会使精子数量减少，畸形精子数量增加，还会影响精子活力和种公牛性欲。青绿饲料尤其是豆科植物的叶片、块根类，特别是胡萝卜以及大麦芽等含有胡萝卜素，能在肝脏内转化为维生素A。当环境温度高，大量饲喂精料时，要相应增加维生素A供应量，必要时可添加鱼肝油等。实践证明，每天给种公牛补充胡萝卜素265mg效果好。维生素E可以维持公牛的繁殖机能，影响肌肉和神经组织的代谢。维生素E缺乏，影响公牛的繁殖机能，表现为睾丸发育不全，精子活力降低，性欲减退，繁殖能力明显下降。种公牛对维生素D的最低日需要量是660IU，缺少阳光照射时需要补充。

4. 矿物质 矿物质是牛体组织的重要组成成分，是牛生长、繁殖和健康不可缺少的营养物质，而且对公牛的精液产量和精子生成有一定影响。牛体所必需的矿物质元素有20多种，须从饲料中得到补充。矿物质营养的供应不仅要满足种公牛生理上的需要，而且还要考虑种公牛精液量和精液品质。因此，在牛的饲养过程中，切不可忽视矿物质元素的合理供应。钙和磷是骨骼和牙齿的主要成分，并不参与体内代谢，钙、磷不足可使精子发育受阻，活力降低。但是，钙、磷供应太多，一是影响其他元素的吸收，二是吸收的钙过多，特别是老年公牛，容易出现脊椎骨和其他骨骼融合的现象，影响公牛采精。种公牛饲料中适宜的钙、磷比例为（1.5～2）：1，体重1 000kg的种公牛日需要钙53g、磷40g。在饲养中应注意：以精料为主的种公牛易缺钙，以粗料为主的种公牛易缺磷。锌是牛体内多种酶的组成成分，直接参与牛体内蛋白质、核酸、碳水化合物的代谢。锌还是一些激素的必需成分或激活剂。锌是精细胞发育所必需的，能够维持公牛的繁殖机能，还与睾酮的生成有关。锌含量不足则公牛的曲精细管上皮细胞会发生结构性变化，影响睾酮的排放和合成，进而影响睾丸的发育和精子的生成，使公牛睾丸变小，精子数变少，活力下降。

硒具有与某些维生素E相似的作用。硒是谷胱甘肽过氧化物酶辅酶的组成成分，在体内起抗氧化作用，能把过氧化脂类还原，保证生物膜的完整性。硒对公牛繁殖有重要意义，硒是维持牛正常繁殖机能所必需的元素。缺硒时公牛睾丸和附睾受损，精子不能发育成熟，精液中谷胱甘肽过氧化物酶活性降低，精液品质下降。铜能促进铁在小肠的吸收，是形成血红蛋白的催化剂。铜是许多酶的组成成分或激活剂，参与细胞内氧化磷酸化的能量转化过程。缺铜时，公牛性欲减退，曲精细管上皮细胞退化，精子活力下降，死精子增多。

锰是许多参与碳水化合物、脂肪、蛋白质代谢的辅助因子，参与骨骼的形成，维持牛正常的繁殖机能。缺锰导致公牛生殖机能退化，公牛缺乏性欲，睾丸萎缩，曲精小管变性，精子生成不正常，精子堆积在精囊中，精液中精子数减少，活力下降，畸形精子增加，射精量少。碘是牛体内合成甲状腺素的原料，在基础代谢、生长发育、繁殖等方面有重要作用。日粮中缺碘时，公牛不仅表现为甲状腺肿大，而且性欲减退，精子生成受阻，精液品质下降。其他元素也都对公牛的繁殖性能产生直接或间接的影响，但影响相对较小。

四、种公牛的管理

1. 专人管理　种公牛记忆力强、防御反射能力强和性反射能力强。因此，必须指定专人饲养和管理，不要随便更换饲养员。饲养员要通过喂饲、饮水、刷拭、调教等活动与其建立感情，使之驯服。种公牛对接触过的人和事印象深刻，尽量不要让饲养员、采精人员参加兽医治疗工作（如打针、灌药等），平时不得虐待公牛，以免公牛报复。

2. 运动　运动对种公牛来说是一项非常重要的管理工作，运动可保持种公牛肌肉、韧带和骨骼的健康状态，防止肢蹄变形和身体变肥，保证种公牛举动活泼、性欲旺盛、精液质量优良，防止公牛过肥，减少疾病发生，除让种公牛在运动场上自由地运动外，可强制种公牛每天运动2～3h，行走距离4～5km。运动方式有旋转架、驱赶运动和逍遥运动。实践证明，种公牛如果运动不足或长期拴系，会使牛性情变坏，精液质量下降，患肢蹄病、消化道疾病等。但也要注意不能运动过度，否则同样会对公牛的健康和精液质量有不良影响。目前，有些配种站或种牛场的公牛运动量很少，常年关在狭小空间，甚至整天拴着不动，对牛的健康和配种或采精危害很大。

3. 拴系与牵引　种公牛长到8～10月龄时，应该给它上鼻环。鼻环须用皮带吊起，系在缠角带最好用滚缰皮缠牢。缠角带上拴有两条系绳（系链），通过鼻环，左右分开，拴系在两侧的立柱上。但一定要系牢，以防脱缰而伤人。鼻环要经常检查，发现损坏，要立即更换。应坚持双绳牵引，即由两人分别在牛的左右两侧牵引，人和牛应保持一定的距离，对烈性的种公牛则须用勾棒牵引。

4. 刷拭和洗浴　要坚持每天定时刷拭牛体。刷拭要细致，牛体各部位的尘土、污垢都要清除干净，特别是头部和颈部，否则会因尘土、污垢黏着而发痒，易养成顶人顶物的恶习，必要时在夏季可给种公牛淋浴，以确保皮肤清洁，浴后要及时擦干。这样不仅可以保持其皮肤卫生，而且可以增强人畜亲和力，有利于对其进行饲养管理。

5. 外生殖器官的护理　种公牛的睾丸、阴囊和包皮要定期检查和护理。种公牛的睾丸生长最快的时期是在6～14个月龄，因此在此期间要加强营养和护理，为了促进睾丸的发育，除注意选种和加强营养外，还要经常按摩和护理，保持阴囊的清洁卫生。睾丸按摩是一个特殊的管理项目，能增加睾丸血液流量，改善睾丸营养条件，促进睾丸发育，同时，还能提高性激素的活动性，从而增强性机能，改善精液品质。睾丸的按摩可结合刷拭进行，按摩前，先用温水清洗阴囊，然后，用两手慢慢揉搓按摩阴囊、睾丸、附睾和精索。最好每天按摩 1 次，每次按摩 5～10min。在炎热季节，一定要做好种公牛的防暑降温，以保证精液的品质。

6. 修蹄、护蹄 种公牛经常修蹄、护蹄，有利于四肢健康，长期不修整蹄趾，影响公牛的运动、采食、采精等，从而影响种公牛的精液生产。要经常检查蹄趾有无异常，保持蹄叉和蹄壁的清洁卫生，每年春天两季进行一次检蹄、修蹄，发现蹄形不正的进行修正。药浴是防止蹄病的有效措施之一。

7. 定时称重 种公牛应保持中等膘情，不能过肥。过肥，不但影响性欲和精液品质，而且体格笨重，不便爬跨。因此，应每 3 个月称重一次，以便根据体重变化情况及时调整日粮配方和给量。

8. 消毒防疫与疾病防治 坚持防重于治的原则，对牛舍定期消毒，对每头牛每年定期注射传染病疫苗，以预防传染病的发生。勤观察牛群，发现有病的要对症治疗，做到早发现早治疗，保证牛群健康。

第六节　挤奶技术

一、机械挤奶

机械挤奶是规模化养牛场的主要生产环节。采用机械挤奶可降低劳动强度，节约生产成本，提高牛奶产量和质量，减少乳腺炎发病率，是实现奶业生产现代化的重要措施之一。

1. 挤奶厅的建设

(1) 挤奶厅的形式

①串列式挤奶台。在挤奶栏位中间设有挤奶工操作的地坑，坑道深 85cm 左右，宽 2m 左右，适于产奶牛 100 头以下规模的养殖场（小区），1×2～2×6 栏位。优点是挤奶工不必弯腰操作，流水作业方便，同时，容易识别牛，不遮挡乳房。

②鱼骨式挤奶台。挤奶台栏位一般按倾斜 30°设计，适于中等规模的牛场，栏位可调范围为 1×3～2×16 栏位。100 头以上的中、大规模奶牛养殖场（小区），根据需要可安排 2×8～2×24 栏位。棚高一般不低于 2.45m，坑道深 0.85～1.07m（1.07m 适于可调式地板），坑宽 2.0～2.3m，坑道长度与挤奶机栏位有关。这种挤奶台使牛的乳房部位更接近挤奶工，有利于挤奶操作。

③并列式挤奶台。根据需要可安排 1×4～2×24 栏位，可以满足不同规模

养殖场（小区）的需要。并列式挤奶厅棚高一般不低于2.2m。坑道深1～1.24m（1.24m适于可调式地板），坑宽2.6m，坑道长度与挤奶机栏位有关。这种挤奶台操作环境干净，距离短，挤奶工最安全，但牛乳房的可视程度较差。

④转盘式挤奶台。利用可转动的环形挤奶台进行挤奶流水作业。其优点是挤奶牛依次进入挤奶厅，挤奶工在入口处冲洗乳房，套奶杯，不必来回走动，操作方便，每转一圈7～10min，转到出口处已挤完奶，劳动效率高，适于较大的规模牛场。目前主要有鱼骨式转盘挤奶台和并列式转盘挤奶台。转盘式挤奶台设备造价高，目前在我国还难以大面积推广。

（2）挤奶厅的组成　挤奶厅包括挤奶大厅、待挤区、设备间、储藏室、储奶间、休息室和办公室等。

（3）挤奶厅的设备　挤奶设备最好具有牛奶计量功能，如玻璃容量瓶式挤奶机械和电子计量式挤奶机械。挤奶厅应有牛奶收集、贮存、冷却和运输等配备设备。

（4）挤奶大厅的环境要求

①挤奶大厅通风设施应尽可能采用既能定时控制又能手动控制的电风扇。

②挤奶大厅墙体可采用防水玻璃丝棉作墙体中间的绝缘材料或采用砖石墙。

③挤奶大厅地面要求经久耐用、易于清洁，安全、防滑、防积水。地面可设一个到几个排水口，排水口应比地面或者排水沟低1.25m。

④挤奶大厅的光照强度应便于工作人员进行相关操作。

（5）挤奶厅的辅助设施

①通道。从待挤区进入挤奶大厅的通道以及从挤奶大厅退出的通道应是直道。常见的是单一的通道，一组牛从挤奶大厅前面穿过而返回，避免在挤奶大厅进口处设台阶和坡道。出挤奶大厅的通道应该足够宽，能够容纳拖拉机刮粪车通过，挤奶大厅内的退出通道宽度应在95～105cm，避免牛在通道中转身，通道可以用胶管和抛光的钢管制作。为了减少雨雪对从待挤区通往挤奶大厅通道的影响，应在通往挤奶大厅的走道上设顶棚。

②待挤区。待挤区是挤奶牛进入挤奶大厅前的等候区域，通常为挤奶大厅的一部分，区内光线应充足，牛彼此之间清晰可见。建待挤区时除需安装通风、排水、降温、喷淋等设备外，还要考虑挤奶位的数量，以确保每次挤奶时在待挤区待的时间不超过1h。

③设备间。设备间为奶罐及其他设备提供安放位置，最好采用卷帘门以便进出。设备间内要有良好的光照、排水系统、通风设施，设计通风系统时应考虑冬季利用压缩机放出的热量来为挤奶大厅保暖。设备间内的配电柜应安装在

内墙上以减少水汽凝集，减少对电线的腐蚀。配电柜的上下及前方105cm范围内不要安装设施，也不要在配电柜周围100cm范围内安装水管。留有足够的空间以方便操作，同时还要为将来可能购置的设备留下空间。

④储藏室。养殖场（小区）的挤奶厅包含有储藏室，用来存放清洗剂、药品、散装材料、挤奶机备用零件，特别是橡胶制品。储藏室应与设备间分开，且墙壁应采用绝缘材料，以减少橡胶制品的腐蚀和老化。室内温度要低，一般应保持在4～27℃。最好能安装臭氧发生器，建议安装在中央无窗但通风良好、能控制温度的地方。

⑤储奶间。储奶间是放置奶罐、集奶罐、过滤设备、冷热交换器以及清洗设备的区域，其大小与奶罐的大小有关。许多大奶罐相当一部分伸出储奶间的墙外，以减少储奶间的尺寸，降低造价。为尽可能地减少异味和灰尘进入，最好采用在进气口带过滤网的正压通风系统。电风扇应安装在远离有过多异味、灰尘和水分的地方。

2. 机器挤奶原理 按照挤奶机的工作过程，可分为二节拍和三节拍两种。①二节拍式挤奶机工作有吸吮和按摩两个节拍，其工作原理为：在真空泵和脉动器的作用下，使乳头交替地受真空（吸吮相）和大气压（按摩相）的作用，即当乳头杯外壳与橡胶管之间的空气被抽走时，脉冲室呈真空状态，橡胶内套管被打开，乳头末端的真空状态迫使乳汁从乳头池中排出；当空气进入脉冲室时，乳头末端下的橡胶内套管缩紧（橡胶内套管的内压低于脉冲室内压之故），在这一间隙时间，乳头管关闭并停止排乳。二节拍挤奶的优点是挤奶速度快，缺点是乳头在挤奶时经常处于真空负压作用下，难以得到应有的休息。②三节拍式挤奶机工作是在吸吮和按摩两个节拍之后，增加了一个休息节拍。三节拍式挤奶机的优点是比较符合犊牛的自然吸奶过程，乳头可以得到休息，缺点是挤奶速度慢。

3. 挤奶系统

（1）真空泵和真空度　挤奶机的真空泵为旋转式。选择真空泵容量时，除了要考虑挤奶时所需的抽气量外，还要考虑管道漏气、奶杯脱落、奶杯滑动、集乳器小孔进气，并保证在挤奶过程中乳头底部真空度的稳定等。当真空泵打开时，挤奶机管道及乳头杯内的空气即被抽出，引起内部压力下降，这时管道内的压力与管道外的压力差称为真空度。几乎所有的挤奶机都在40～80kPa的真空条件下工作。真空度太高会引起奶头孔翻转，开口处变硬。真空度太低则影响挤奶速度，增加奶杯脱落的频率。

（2）管道　管道要求内壁光滑、易于清洗、耐腐蚀、耐压（70～2 000kPa），通常可用钢管（SGP管）或聚氯乙烯树脂管制作。管道一般设计成环状通道，且设在靠牛头一侧，以便于奶、气流更为畅通和均衡，更符合牛的生理特性和挤奶要求。同时，管道应有0.5%的坡度（挤奶台为1.25%），以利于牛奶快速输送到牛奶接收罐中。

（3）真空调节器　挤奶过程中由于管道漏气、奶杯脱落、奶杯滑动、集乳器小孔进气等使真空度出现波动，真空调节器的作用就是保证挤奶系统中真空度的稳定。当管内压力低于预定值时，真空调节器便会自动增压，使管内真空维持在一定的范围内。真空调节器有重力式、弹簧式和膜片式3种，其中膜片式的准确性和灵敏度最高。真空调节器在大量吸入空气的同时也吸入灰尘和水分，影响灵敏度。因此，真空调节器至少每月清洗1次。

（4）脉动器　其功能是使乳头的橡胶内套与金属外套之间的脉动室交替地通入大气和抽真空，使挤奶机得以完成吸吮和按摩动作，正常二节拍的脉动频率为每分钟50～60次，吸吮与按摩的节拍比为（60～70）：（40～30），而三节拍的吸吮、按摩和休息比例为60：30：10。每周应测试1次脉动频率，以保证脉动器稳定。此外，脉动器有“同步”和“交替”两种。同步式脉动器的所有4个奶头杯的脉动室，在同一时间内处在同一（吸吮和按摩）状态，而交替式脉动器在同一时间内，4个脉动室中的2个处在吸吮相，另2个处在按摩相。交替式脉动器中牛奶的流动更有规律，真空度变化小，但其变化的总次数是同步式脉动器的2倍。

（5）挤奶杯组　挤奶杯组包括由金属外壳和橡胶内套管组成的4个乳头杯、集乳器、脉动管、奶管、管路插接头。乳头杯内装有橡胶内套管，又称乳头杯内套管。金属外壳与乳头杯橡胶内套管之间的夹层称为脉冲室。乳头杯上施加恒定的真空水平产生的吸力，作用在脉冲室内并控制乳头杯内套管的开闭和牛奶的流出。脉冲室在非真空状态下，乳头杯内套管松开，不再挤压乳头，而当脉冲室处于真空时，乳头杯内套管紧闭并将压力施加在乳头上。挤奶器乳头杯有节奏地变换真空与非真空状态，以产生按摩乳头的效应。集乳器也称收集爪，在挤奶时将四个乳区的牛奶集中起来，通过奶管迅速将牛奶排到奶管或容器内，所以集乳器容积大小直接影响牛奶的排空速度和杯组真空度的稳定。

4. 记录系统　每头牛的日产奶量是奶牛饲养和选择的重要信息，计量瓶挤奶机牛奶自动记录系统与现有挤奶设备对接后对提高生鲜牛奶质量可起到一定的积极作用。

（1）系统功能　本系统的主要功能是代替产奶量计量的人工记录和产奶量的统计计算。同时又具有报表功能和牛群管理功能。①牛奶的记录功能。输入牛的身份号码到计算机，然后输入产奶量，确认后即可记录每头牛的产奶量。②牛群的管理功能。牛场经理可以及时输入正常牛和非正常牛的有关信息到系统中，特别是使用抗生素的牛，结束用药后，第7天即可以自动提示“已正常”，即牛奶可以正常销售。③提示功能。可及时提示牛是正常牛或非正常牛

（乳房炎牛、使用抗生素药物），并显示在挤奶厅的显示器上；提示将非正常牛奶单独放入其他容器，以免与正常牛奶相混。④报表生成功能。根据输入的信息，自动生成日产奶量报表、月产奶量报表和每户牛群的月产奶量报表等。

（2）系统的组成　整个系统由现场数据收集、查询终端及后台数据存储、分析计算机构成。①现场数据收集、查询终端。单片机应用系统提供基本的人机对话功能，负责采集现场数据，通过串口传送给后台计算机，同时提供查询功能，从后台计算机获取需要的信息并显示出来。②后台数据存储、分析计算机。后台数据存储、分析计算机负责存储现场数据，并进行分析、回传。计算机上通过插接 RS485 接口板，将现场采集的数据传送给计算机系统。外接 485 接口板的接口卡自带软件包，支持高级语言，并自带诊断应用程序，对查错和调试都非常有帮助。这个卡可以自动检测数据的方向相应地改变传输的方向，方便用户构架一个简单实用的网络。

5. 牛奶收集系统　牛奶输送管道的终端是牛奶的接收设备，它的功能在于把牛奶和空气分开，同时起到释放器的作用，借助于奶泵把牛奶从接收设备转移到储奶罐中。大多数接收设备是由玻璃或者不锈钢制造，其容积最小不低于 18L，最好是在 40～50L。接收设备与奶泵之间安装了一个电子装置，有两个不同的牛奶衡量水平，接收设备的牛奶水平会激起奶泵的开与关。在奶泵和过滤器之间装有一个单项阀门，以避免奶泵停止工作时牛奶倒流。

6. 清洗系统　清洗是挤奶设备非常重要的功能组分。所有管道和能接触到牛奶的器皿都必须保持卫生洁净，严防细菌滋生。全自动清洗设备可以按量按比例混合酸、碱，按指定程序对不锈钢、橡胶及其他所有牛奶接触环境进行清洗。手动清洗需要人工控制酸、碱添加量及清洗程序。设备清洗所需的热水温度要求在 70～80℃，水的酸碱度和硬度适中。

（1）预冲洗　挤奶结束后，即刻用温水冲洗挤奶杯组和管道，以除去所有残留的奶，如若冲洗时间过晚（在挤奶后 30～60min），则附着在管道表面的乳成分极易干固，以致难以用水洗净。预冲洗水温以 35～45℃为宜。水温不宜过高，否则，易使蛋白质变性，黏成一团。而水温过低，脂肪凝固，不易洗净。预冲洗的时间为 3～5min，以冲洗后水变清为止。

（2）碱洗　常用的碱性洗涤性有效成分主要为氢氧化钠、碳酸钠、磷酸钠和多价磷酸根碱性物质等。预冲洗后立即进行循环碱洗，时间为 8～10min，开始水温要求达 70～80℃，清洗循环后水温不低于 40℃。提高洗涤温度，有利于降低污物与管道表面之间的结合力，增大可溶性物质的溶解度，加快化学反应速度，同时，温度较高，洗涤液的黏度降低，搅动作用增大。据报道，在 40～80℃范围内，温度每上升 1℃，洗涤时间可缩短 1/2。

碱性洗涤剂的pH一般为11.5或按说明书进行浓度配制。流速一般要求在1.5m/s以上，一般可采用清洗喷射器使管道内的洗涤液产生浪涌作用，达到所要求的流速。

（3）酸洗　挤奶设备或管道内的乳垢、乳石等含钙高的污物附着时，必须用酸性洗涤剂，洗涤温度一般为35～45℃，洗涤循环3～5min，酸性洗涤剂的pH一般为3.5或按说明书进行浓度配制。

（4）水洗　用温水漂洗，可以洗去设备和管道中残留的洗涤剂，而且有助于设备和管道的迅速干燥。

（5）消毒　在每次挤奶前，用含有效氯浓度为200mg/kg的自来水进行洗涤、消毒，以最大限度地减少设备和管道中的细菌数量。

二、挤奶机主要分类

1. 推车式挤奶机　如图6-1所示，其真空泵、真空管道和挤奶杯组都是固定的，且便携式奶桶和真空相连，牛奶直接流入奶桶。

2. 管道式挤奶机　如图6-2所示，挤出的牛奶直接进入管道，该管道具有提供真空和输送液体的功能。该管道直接通到牛舍。挤奶时，挤奶杯组和脉动管通过人工接到不同的真空管道上。

3. 转盘式挤奶机　如图6-3所示，具有挤奶厅，提供真空和液体管道输送功能。挤奶时，挤奶杯组和牛都进行转动，牛从一边进入挤奶位置，挤完的牛退出挤奶位置。

4. 中置式挤奶机　如图6-4所示，具有挤奶厅、坑道，真空和液体通过管道输送。挤奶杯组数只有一排。根据牛的站位不同可以分类为：当牛站位为一排时，称为中置式挤奶机；牛站位为两排时，且为鱼骨形式的时候，称为中置式挤奶机或者中置鱼骨式挤奶机；当牛站位为两排时，且为并列形式的时候，称为中置式挤奶机或者中置并列式挤奶机。

图6-1　推车式挤奶机

图 6-2　管道式挤奶机

图 6-3　转盘式挤奶机

图 6-4　中置式挤奶机

5. 鱼骨式挤奶机　如图 6-5 所示，具有挤奶厅、坑道，真空和液体通过管道输送。挤奶杯组数有两排，奶牛成鱼骨式站位。它所反映出来的信息是具有挤奶厅，真空和液体通过管道输送，挤奶厅具有坑道。挤奶杯组只有一排，此台挤奶机通过电子计量来计算奶的流量，自动形式脱杯。牛的站位为两排，呈鱼骨形状，且每排有 16 头牛。挤奶杯组为一排，16 个，为此类机型的第二次改进型。

6. 并列式挤奶机　如图 6-6 所示，具有挤奶厅、坑道，真空和液体通过管道输送。挤奶杯组数有两排，牛成并列式站位。

图 6-5　鱼骨式挤奶机

图 6-6 并列式挤奶机

三、挤奶机的作用与操作

1. 挤奶机的作用

（1）降低劳动强度，提高生产效率 根据奶牛养殖户现场调查，手工挤奶的劳动量占奶牛养殖整个工作量的 60%，应用机械技术挤奶可缩减劳动量 75%左右。传统人工挤奶，每个人只能管理 5～8 头牛，应用移动式挤奶机挤奶则每个人可以管理 10～20 头牛，如果采用平面计量瓶式挤奶机、鱼骨计量瓶式挤奶机和转盘式挤奶机挤奶作业则每个人可以管理 30～60 头牛，机械挤奶效率是手工挤奶的 6～8 倍。因此，加大挤奶机械推广与应用，能实现节本增效，取得良好经济效益。

（2）鲜奶卫生，质优价高 机械挤奶可有效避免鲜奶汁与外界接触，细菌含量下降 80%～90%，由于机械挤奶鲜奶汁通过管道流入奶桶、奶罐中，外界的灰尘、杂草等赃物不易落入，极大地保证了鲜奶的卫生要求。

（3）降低牛乳房疾病，提高牛奶产量 与手工挤奶相比，机械挤奶大大降低了奶牛各种乳房疫病的传染率，从而有效预防疫病的发生。机械挤奶均匀流畅，能够彻底挤净乳池中的余乳，使乳房的泌乳效果更好，从而提高产奶量。所以，应用机械挤奶是保证牛健康、提高产奶量的有效途径。

2. 挤奶机规范操作方法

（1）挤奶机的适用范围 挤奶机适用于身体健康、乳房结构良好和牛乳头大小匀称并且长短粗细适宜的牛。使用机械挤奶，牛的健康是最重要的。牛不健康，就不能挤出高质量的牛奶。例如，在牛产犊之后其体质较差，乳房水肿未消除的时候就不能使用机械挤奶，应尽量采用手工挤奶，避免机械挤奶损伤乳头。

（2）挤奶机的合理选购 养殖户、养殖场和小区，应根据各自的奶牛数量、资金能力和饲养场地大小等实际状况合理选购挤奶机的品种与型号。一般情况下，拥有5～20头泌乳牛的分散奶牛户可选购配置移动真空泵式挤奶机、提桶式挤奶机。拥有30～80头泌乳牛的小规模奶牛户可选购配置平面计量瓶式、鱼骨式2×6和2×10等中小型挤奶设备。拥有100头以上泌乳牛的大型养殖户、集中的养殖小区和收奶站等就要配置平面计量瓶式、鱼骨式和转盘式等大中型挤奶机械设备，可根据泌乳牛数量确定具体型号与规格。目前国内外挤奶机生产厂家、品牌和型号较多，其性能和质量基本接近，但价格差异较大。

（3）挤奶机的调试与清洗消毒　挤奶机在作业之前都要经调试和清洗后才能投入正常作业。开始挤奶前须先用40℃的热水循环冲洗挤奶机管道、奶管、计量瓶、集乳器、奶杯内衬和集奶罐等过奶部件3～5min，以确保这些工作部件的卫生条件符合要求。

（4）调整挤奶机的真空压力和脉动频率　要经常检查与调整挤奶机的真空压力和脉动频率。通常各种挤奶机的工作真空压强为50kPa，脉动频率为60次/min。

（5）挤奶规范操作程序和方法

①乳房检查。挤奶前，首先要检查牛乳房的健康状况，对乳房有不良状况的牛要单独处理。

②乳头清洗。挤奶前要用毛巾蘸上40～45℃含1%～2%漂白粉的热水或0.6%次氯酸钠消毒液将乳房和乳头擦洗干净并用干毛巾擦干，必须做到一牛一巾。

③乳头药浴。用装有3%次氯酸钠消毒药液的塑料杯对着每个乳头药浴20～30s后再用毛巾擦干，药浴液要定期更换。

④弃掉前三把奶。在套上挤奶奶杯之前用手工挤出三把奶弃掉，这样做一可检查牛是否有乳腺炎，二可对牛乳房产生按摩刺激作用，促进牛放乳，缩短挤乳时间。

⑤套上挤奶杯挤奶。在牛完成排乳条件反射后，要及时将挤奶杯套在乳头上开始挤奶。催产素的作用时间通常维持在7～8min，如果套奶杯不及时就会缩短催产素的作用时间，乳房内残留奶就会增多，一般要求从挤三把奶后1min内套上挤奶杯。其方法为：左手持挤奶器慢慢靠近乳房底部并接通真空，右手拇指和中指拿着靠着乳房的一个挤奶杯，用食指接触乳头，将这个挤奶杯迅速套入乳头，这时奶杯应保持V形的弯度，以减少空气进入奶杯中，然后快速套上其余三个挤奶杯。套挤奶杯的顺序是：从左前乳区开始顺时针方向依次套杯，这样既方便又安全。

⑥卸掉挤奶杯。挤奶时间随奶牛的产奶量的变化而变化，一般6～8min挤完。当下奶最慢乳区的乳汁挤完后，关闭集乳器真空2～3s后即可卸下挤

奶杯。

（6）挤奶机部件的清洗与保养　每次挤奶完毕，都应及时清洗牛奶经过的所有挤奶机部件。清洗方法是：先用清水冲洗，然后放入热洗涤剂（温度70℃，含1%碱）内，用毛刷进行洗涤，最后用80℃的热水清洗干净，晾干备用。

①清洗检查奶杯内衬，看是否完好不漏，发现有漏气现象，应立即更换。

②集乳器经清洗后，在装配时应检查橡胶垫圈是否完好，集乳器壳体上的小孔是否与大气畅通。

③脉动器和真空软管每周拆洗一次，要经常检查脉动器的橡胶薄膜是否完好，器壁上的小孔是否与大气畅通，并按60次/min的脉动频率调节好，以备使用。

④要及时更换输奶管，否则一方面因其弹性导致挤奶困难，另一方面在其表面的任何微小裂隙都会残留奶垢，为细菌的繁殖提供条件。

⑤每周应检查奶泵止回阀一次，如止回阀膜片断裂，空气就会进入奶泵。

⑥每月应检查清洁真空调节器、传感器和真空泵皮带一次。用湿布擦净真空调节器的阀和座，用肥皂液清洗传感器过滤网，晾干后再装上。用拇指按压皮带应有1.5cm的张度，皮带磨损或损坏应及时更换，更换或调节皮带后，应检查两个轮是否在一条直线上。

四、挤奶机操作的注意事项

1. 挤奶前的准备

（1）检查油杯是否缺油，机油是否清洁，真空泵启动后油管内是否有油流动，看循环槽水位是否够用，真空泵工作声音是否正常。

（2）打开挤奶主阀，关闭清洗主阀，将奶泵与制冷罐的控制阀打开。

（3）关闭计量瓶上的开关，清洗开关，包括末端的开关。

（4）打开计量瓶真空开关，关闭计量瓶下面的取样阀以及关闭集乳器下面的半球阀。

2. 点检

（1）点检的重要性　要求设备在安装后必须做全方位的点检，检测一些关键的功能，如真空泵的排气量、脉动器的脉动频率等。点检对提高挤奶机性能和长期保持稳定是非常重要的，既延长设备的使用寿命，又能有效地保护挤奶牛。如果进行挤奶操作的人员能够掌握机器的使用方法和卫生管理，就可以防止突发的机器故障和乳质低下。售后服务人员打开挤奶机的时候，通过真空泵的声音就能够判断系统是否正常。但是，由于有些牧场人员每天都在使用相同的机器，听着相同的声音，即使有不好的声音出来也分辨不出。此外，挤奶机也会因为每次挤奶清洗而造成管道的热胀冷缩，在接头部分出现松动和倾斜，从而造成真空泄漏，橡胶垫圈损耗。所以，一定要认清点检的重要性。一些牛场因疏忽日常的点检而花费额外的修理费用，且挤出来的牛奶还要废弃，严重降低牛场的经济效益。

（2）改进措施　当每个人所分配的挤奶器数量较多时，就会照顾不到其他牛，出现高产牛发生过挤奶现象。高产牛对环境非常敏感，挤奶技术的偏差、挤奶机的不良运行都会导致乳房炎高发。所以，建议高产牛使用双真空的挤奶设备以更有效地提高奶产量。此外，从 4 个乳头口侵入的金黄色葡萄球菌、大肠杆菌会引发乳腺炎。所以，要从牛舍环境、设备的卫生方面来进行改善。

3. 注意事项

（1）不准将牛以外的家畜带入挤奶厅，以免影响牛健康。

（2）不准酒后挤奶，以免影响正常操作。

（3）产犊后，乳房水肿未消及患有乳房疾病的牛不得机械挤奶，以免损伤乳房及引起交叉感染。

（4）机械挤奶的真空度不得超过国家规定的标准（0.043～0.050MPa）。

（5）机械挤奶的脉动频率应在 55～65 次/min 内。

（6）上机前应将奶头前三把奶挤掉，并在 15s 内上杯且在 40s 内上完。

（7）避免在挤奶操作过程中出现漏气。

（8）挤奶结束后，应对乳头进行按摩及药浴，然后将牛放到户外。

第七章 快速育肥技术

第一节　短期育肥技术

西门塔尔牛是优秀的乳肉兼用型品种，其产肉性能非常优秀，适合快速育肥出售。牛短期育肥技术是指选择1.5岁左右、未经育肥或不够屠宰体况的、来源于非疫病区内的健康架子牛，采取提高日粮营养水平和加强饲养管理，在短期内提高肉牛体重、改善牛肉品质的实用技术，也称架子牛快速育肥技术。

一、技术要点

饲养管理分适应期、育肥期2个阶段。

1. 适应期　架子牛进场后先隔离观察15d，让牛适应新的环境，调整胃肠机能，增进食欲。第1天，称重、测量体温，发现体温较高或有其他异常情况的牛，应单独隔离管理，用清热解毒中草药保健治疗。牛到场3～4h后第一次饮水时，水中可添加适量食盐，少饮多次，切忌暴饮，稻草适量。第2天，饮水仍少饮多次，稻草自由采食，食槽内可适量掺撒些麸皮、玉米粉。第3天，饮水2次，开始喂混合精料，加入少量的青饲料和粗饲料。第4～7天，精料饲喂量逐步增加到每头每日1～2kg，青饲料和粗饲料（青贮等）适量，每日让牛采食七成饱即可。第8～15天，要进行穿鼻、打耳号建档，期间完成驱虫健胃，免疫注射，注意观察牛的食欲、粪便、精神状况及鼻镜汗珠等情况，做好记录，发现异常，及时隔离处理。15d后饲料采食恢复正常，按品种、年龄、体重分群饲养，进入育肥牛舍。

2. 育肥期　架子牛育肥分为育肥前期、育肥中期和育肥后期3个阶段。

（1）育肥前期　此期一般为2个月左右。当架子牛转入育肥栏后，要诱导牛采食育肥期的日粮，逐渐增加采食量。日粮中精饲料饲喂量应占体重的0.6%，自由采食优质粗饲料（青饲料或青贮饲料、糟渣类等）。每日每头育肥牛日粮组成及参考饲喂量为：精饲料饲喂量占体重的0.6%，青饲料8～10kg，豆粕1.5～2.5kg，棉粕1～1.5kg，青贮或麦秸20kg（自由采食），也可添加

18%～20%的饲料预混料。

（2）育肥中期　一般为2～4个月。精饲料饲喂量占体重的0.8%～1%，自由采食优质粗饲料（切短的青饲料或青贮饲料等）。日粮能量水平逐渐提高，日粮中粗蛋白质含量应控制在11%～12%，可消化能（DE）含量13.81～14.64MJ/kg，钙含量0.4%、磷含量0.25%。每日每头育肥牛日粮组成及参考饲喂量为：精饲料采食量占体重的0.8%，麦秸或青贮饲料15kg（自由采食），苜蓿干草3～4kg，豆粕2～3kg，也可添加20%的饲料预混料。

（3）育肥后期（催肥期）　一般为50～60d。此阶段应减少牛运动量，降低热能消耗，促进牛长膘、沉积脂肪，提高肉品质。日粮中精饲料采食量逐渐增加，由占体重的1%增加至1.5%以上，粗饲料逐渐减少，当日粮中精料增加至体重的1.2%～1.3%时，粗饲料约减少2/3。日粮中能量浓度应进一步提高。

二、日常管理

（1）饲料种类应尽量多样化，粗饲料要切碎，不喂腐败、霉变、冰冻或带沙土的饲料。每日饲喂2次，要先粗后精，少喂勤添，饲料更换要采取逐渐过渡饲喂方式。

（2）短绳拴系饲养，限制运动。经常刷拭，保持牛体清洁。定时清扫栏舍粪便，保持牛床清洁卫生。

（3）在育肥开始前应进行体内外驱虫，驱虫3d后，用大黄苏打片健胃。牛舍、牛床需定期消毒，要有防蚊蝇的措施。

（4）自由饮水，水质应符合《无公害食品畜禽饮用水水质》（NY 5027—2001）。

（5）定期称重，并根据增重情况合理调整日粮配方。饲养人员要注意观察牛的精神状况、食欲、粪便等情况，发现异常及时报告和处理。应建立严格的生产管理制度和生产记录。

（6）架子牛一般经过6～10个月的育肥，食欲下降、采食量骤减、喜卧不愿走动时，就要及时出栏。

三、特点

（1）该技术简单易操作，适合在广大中小养殖场（户）推广应用。

（2）育肥时间短，市场风险较小，能充分利用各种资源，获得较好的养殖效益。

（3）便于集约化、标准化生产，粪污可实现无害化、资源化利用，能较好地实现农牧结合循环利用。

（4）异地购牛存在着个体应激、体重消耗及带疫风险等缺点。

第二节　持续育肥技术

持续育肥是指牛犊断奶后，立即转入育肥阶段进行育肥，一直到18月龄左右、体重达到500kg以上时出栏。持续育肥由于饲料利用率高，是一种较好的育肥方法。持续育肥主要有放牧持续育肥、放牧加补饲持续育肥和舍饲持续育肥3种方法。

一、技术要点

1. 放牧持续育肥法　在草质优良地区，通过合理调整豆科牧草和禾本科牧草比例，不仅能满足牛的生理需要，还可以提供充足营养，不用补充精饲料也可以使牛日增重保持1kg以上，但需定期补充定量的食盐、钙磷和微量元素。

2. 放牧加补饲持续育肥法　在牧草条件较好的地区，犊牛断奶后，以放牧为主，根据草场情况，适当补充精料或干草。放牧加补饲的方法又分为白天放牧、夜间补饲和盛草季节放牧、枯草季节补饲两种方式。放牧时要根据草场情况合理分群，每群50头左右，分群轮放。一般情况下，我们要求每头体重120～150kg的牛需1.5～2hm^{2}草场。放牧时要注意牛的休息和补盐，夏季防暑，抓好秋膘。

3. 舍饲持续育肥法　舍饲持续育肥适用于专业化的育肥场。犊牛断奶后即进行持续育肥，犊牛饲养取决于育肥强度和屠宰时的月龄，强度育肥到14月龄左右屠宰时，需要提供较高的营养水平，以使育肥牛平均日增重达到1kg以上。在制订育肥生产计划时，要综合考虑市场需求、饲养成本、牛场条件、品种、育肥强度及屠宰上市的月龄等因素，以期获得最大经济效益。

育肥牛日粮主要由粗料和精料组成，平均每头牛每天采食日粮干物质约为牛活重的2%左右。舍饲持续育肥一般分为3个阶段。

（1）适应期　断奶犊牛一般有1个月左右的适应期。刚进舍的断奶犊牛，对新环境不适应，要让其自由活动，充分饮水，少量饲喂优质青草或干草，精料由少到多逐渐增加喂量，当进食1～2kg时，就应逐步更换正常的育肥饲料。在适应期每天可喂酒糟5～10kg，切短的干草15～20kg（如喂青草，用量可增3倍），麸皮1～1.5kg，食盐30～35g。如发现牛消化不良，可每头牛每天饲喂干酵母20～30片。如粪便干燥，可每头牛每天饲喂多种维生素2～2.5g。

（2）增肉期　一般7～8个月，此期可大致分成前后两期。前期以粗料为主，精料每日每头 2kg 左右，后期粗料减半，精料增至每日每头 4kg 左右，自由采食青干草。前期每日可喂酒糟 10～20kg，切短的干草 5～10kg，麸皮、玉米粗粉、饼类各 0.5～1kg，食盐 40～50g。后期每日可喂酒糟 20～25kg，切短的干草 2.5～5kg，麸皮 0.5～1kg，玉米粗粉 2～3kg，饼渣类 1～1.25kg，食盐 50～60g。

（3）催肥期　一般 2 个月，主要是促进牛体膘肉丰满，沉积脂肪。每日饲喂混合精料 4～5kg，粗饲料自由采食。每日可饲喂酒糟 25～30kg，切短的干草 1.5～2kg，麸皮 1～1.5kg，玉米粗粉 3～3.5kg，饼渣类 1.25～1.5kg，食盐 70～80g。催肥期每头牛每日可饲喂瘤胃素 200mg，混于精料中喂给效果更好，体重可增加 10%～15%。

在饲喂过程中要掌握先喂草料，再喂精料，最后饮水的原则，定时定量进行饲喂，一般每日喂 2～3 次，饮水 2～3 次。每次喂料后 1h 左右饮水，要保持饮水清洁，水温 15～25℃。每次喂精料时先取干酒糟用水拌湿，或干、湿酒糟各半混匀，再加麸皮、玉米粗粉和食盐等拌匀。牛吃到最后时，拌入少许玉米粉，使牛把料槽内的食物吃干净。

二、特点

（1）放牧持续育肥法和放牧加补饲持续育肥法优点是可以节省大量精饲料，降低饲养成本。缺点是育肥时间相对较长。

（2）舍饲持续育肥法优点是饲养周期短，饲料转化率高，出栏牛肉质细嫩，经济效益好。缺点是生产投入成本高。

三、成效

持续育肥技术是牛育肥采用最多的方式之一，应用持续育肥技术的育肥牛生长发育速度快，肉质细嫩鲜美，脂肪含量少，适口性好，牛肉商品率高，同时，牛场也增加了资金周转次数，提高牛舍的利用率，经济效益明显。

第三节　架子牛快速育肥技术

架子牛快速育肥是牛生产的重要阶段。随着我国畜牧产业结构的调整及国内外肉类市场需求的变化，牛生产将出现蓬勃发展的趋势。目前，我国架子牛育肥生产，各地技术差别较大，产品质量参差不齐，经济效益高低不一，在国际市场缺乏竞争能力。

架子牛是指体格已发育基本成熟，肌肉脂肪组织尚未充分发育的青年牛。其特点是骨骼和内脏基本发育成熟，肌肉组织和脂肪组织还有较大发展潜力。

一、架子牛快速育肥的条件

1. 品种　快速育肥的架子牛应选择优良的牛品种及其与本地黄牛的杂交后代。目前我国饲养的牛品种主要有西门塔尔牛、夏洛莱牛、海福特牛、利木赞牛、皮尔蒙特牛、草原红牛等。

2. 年龄　选择15～18月龄的架子牛。其年龄可根据牙齿的脱换情况进行判断，可选择尚未脱换或第一对门齿正在更换的牛，其年龄一般在1.5岁左右。

3. 性别　选择没有去势的公牛最好，其次为去势的公牛，不宜选择母牛。

4. 体重　体重越大年龄越小说明牛早期的生长速度快，育肥潜力大。育肥结束要达到出栏时的体重要求，一般要选择1.5岁时体重达到350kg以上的架子牛。体重的测量方法可用地磅实测，也可用体尺估测。体重估测的公式为：经育肥后的牛体重（kg）＝胸围^2（m）×体斜长（m）×87.5或体重（kg）＝胸围^2（cm）×体斜长（cm）÷10800。

5. 精神　选择精神饱满，体质健壮，鼻镜湿润，反刍正常，双目圆大，明亮有神，双耳竖立，活动灵敏，被毛光亮，皮肤弹性好，行动自如的架子牛。

6. 外貌　选择体格高大，前躯宽深，后躯宽长，嘴大口裂深，四肢粗壮，间距宽的牛；切忌头大、肚大、颈部细、体短、肢长、腹部小、身窄、体浅、屁股尖的架子牛。

二、育肥前的预处理措施

1. 分群　根据架子牛的体重、年龄、性别将其相近的牛进行分群重组。

2. 驱虫　分群后立即进行驱虫。根据牛的体重计算出用药量，逐头进行驱除。驱虫方法有拌料、灌服、皮下注射等。驱虫药物可选用虫克星、左旋咪唑、抗蠕敏等。7d后再进行一次驱虫。

3. 消毒　圈舍在进牛前用20%生石灰或来苏儿消毒，门口设消毒池，以防病菌带入。牛体消毒用0.3%的过氧乙酸消毒液逐头进行一次喷体，3d以内用0.25%的螨净乳化剂对牛进行一次擦拭。

4. 取铁消炎　由于牛对饲料中的硬物缺乏识别能力，且采食咀嚼不全，故常会食入铁丝、铁钉等异物，胃肠蠕动时会损伤胃内壁，引起感染。架子牛育肥前必须取铁消炎。其方法是用牛胃异物探测仪检测牛胃内异物，有金属异物的用铁质异物吸取器吸取，再用广谱抗生素（如土霉素、氯霉素、庆大霉素）进行消炎。

5. 换肚　在育肥前，要进行饲料的过渡饲养，以建立适应育肥饲料的肠道微生物区系，减少消化道疾病，保证育肥顺利进行，生产中称这个过程为换肚或换胃。其方法是牛入舍前 2d 只喂一些干草之类的粗料。前一周以干草为主，逐日加入一些麸皮，一周后开始加喂精料，10d 左右过渡为配合精料。

三、架子牛快速育肥的饲养

1. 日粮配合原则 配合日粮时，第一要满足架子牛的营养需要，按饲养标准供给营养。在具体生产中，根据牛的个体情况、环境条件和具体运用效果适当调整。第二要保证饲料的品质和适口性，使架子牛既能尽量多采食饲料，又能保证良好的消化。第三要保证饲料组成多样化。在配合饲料时尽量选用多种原料，以达到养分互补，提高饲料利用率。第四要注意充分利用当地资源丰富的饲料，以保证日粮供给长期稳定和成本价格低廉。第五为了满足架子牛的补偿生长需求，可适当提高营养标准。一般可提高标准 10%～20%。

2. 营养供给 架子牛育肥过程，营养的供给要保证不断增长的态势，并在出栏前达到最高水平。营养供给持续增长可通过不断增加精料喂量，调整精粗比例来实现。一般在预饲阶段以精料为主适当添加麸皮，育肥的第一个月精粗比例为 50%，日喂精料 3～5kg；育肥的第二个月精粗比例为 70%，日喂精料 6kg 左右；育肥第三个月精粗比例为 80%～85%，日喂精料 7～8kg。

3. 饲喂次数 架子牛育肥期间可采用每天饲喂 2～3 次的方法。每次饲喂的时间间隔要均等，以保证牛有充分的反刍时间。

4. 饮水 架子牛育肥期间每天应饮水 3 次，每天饲喂 2 次时，在每次喂完后，各饮水一次，中午加饮一次。每天饲喂 3 次时，均在每次饲喂后让牛饮水。饮水要干净卫生，冬季以温水为好。

5. 饲喂顺序 架子牛育肥过程饲料饲喂顺序为先喂草、后喂料，最后饮水。

6. 饲料调制 饲草要铡短铡细，剔出杂物，洗净泡软或糖化后喂给，精料拌湿喂牛。

7. 夏季饲喂 架子牛最适宜的环境温度是 8～20℃。夏季气温升高，牛食欲下降，增重减慢，饲喂时要采取各种措施保证牛采食营养不减少。一般方法有适当提高日粮营养浓度，采用水样或粥样料饲喂，延长饲喂时间，增加饲喂次数，夜间加喂等。当气温超过 30℃还要采取措施降低环境温度。

8. 冬季饲喂 冬季天气寒冷，牛的消耗增加，影响生长，饲喂时要注意增加热能饲料比例，同时给饲料加温，采用热料饲喂。

四、饲喂中注意事项

（1）不喂霉败变质饲料。

（2）出栏前不宜更换饲料，以免影响增重。

（3）日粮中加喂尿素时，一定要与精料拌匀，且不宜喂后立即饮水，一般要间隔 1h 再饮水。

另外用酒糟喂牛时，不可温度太低，且要运回后立即饲喂，不宜搁置太久。用氨化秸秆喂牛时要先放氨，以免影响牛的食欲和消化，可采用早取晚喂，晚取早喂的方法。

五、架子牛快速育肥的管理

1. 档案记录　进场的架子牛要造册登记建立技术档案，对牛的进场日期、品种、年龄、体重、进价等编号，进行详细登记。在育肥过程要记录增重、用料、用药及各种重要技术数据。

2. 卫生防疫　进牛前对牛舍进行一次全面消毒，一般喷洒 20%石灰乳剂或 2%漂白粉。农村土房旧舍，可用石灰乳剂将墙地涂抹一遍，地面垫上新土，再用石灰乳剂消毒一次。进牛后对牛舍每天打扫一次，保证槽净舍净。同时经常观察牛的动态、精神、采食、饮水、反刍，发现问题及时处理。育肥前根据本地疫病流行情况注射一次疫苗。

3. 牛舍牛床　架子牛的牛舍要求不严，半开放式、敞篷式均可，只要能保证冬季不低于 5℃，夏季不高于 30℃，通风良好就是适宜的牛舍。牛床一般长 160cm，宽 110cm，有条件的可用水泥抹平，坡度保持 1%～2%，以便于保持牛床清洁。

4. 运动　运动场要设在背风向阳处，运动场内每头牛建造一个牛桩，育肥期间将牛头用缰绳固定于距桩 35cm 左右处，限制牛运动。

5. 日光浴　日光照射架子牛，可以提高牛的新陈代谢水平，促进生长。每天饲喂后，天气好时要让牛沐浴阳光。一般冬季上午 9 点以后，下午 4 点以前；夏季上午 11 点以前，下午 5 点以后都要让架子牛晒太阳。

6. 刷拭　刷拭可以促进体表血液循环和保持体表清洁，有利于新陈代谢，促进增重。每天在牛晒太阳前，都要对牛从前到后，按毛丛着生方向刷拭一遍。

7. 称重　每月月底定时称重，以便根据增重情况，采取饲养措施或者出栏。

六、架子牛育肥后的适时出栏

1. 适时出栏　架子牛适时出栏的标准是当其补偿生长结束后立即出栏。架子牛快速育肥是利用架子牛的补偿生长原理即在其生长发育的某一阶段，由于饲养管理水平降低或疾病等原因引起生长速度下降，但不影响其组织正常发育，当饲养管理或牛的健康恢复正常后，其生长速度加快，体重仍能恢复到没有受影响时的标准进行牛生产。当牛的补偿结束以后继续饲养，其生长速度减慢，食欲降低，高精料的日粮还会造成牛消化紊乱，引起发病。因此补偿生长结束后要立即出栏。

2. 出栏膘情 牛的膘情好坏是决定出栏与否的重要因素，架子牛经育肥后体形变的宽阔饱满，膘肥肉厚，整个躯干呈圆筒状，头颈四肢厚实，背腰肩宽阔丰满，尻部圆大厚实，股部肥厚。用手触摸牛的鬐甲、背腰、臀部、尾根、肩胛、肩端、肋部、腹部等部位感到肌肉丰厚，皮下软绵；用手触摸耳根，前后肋和阴囊周围感到有大量脂肪沉积，说明膘情良好，可以出栏。

3. 出栏食欲 食欲好坏是反映补偿生长完成与否的主要因素。架子牛通过胃肠调理以后，食欲很好，采食量不断增加。当补偿生长结束后，牛的采食量开始下降，食欲逐渐变差，消化机能降低。在架子牛育肥后期，若出现食欲降低，采食量减少，经过一些促进食欲的措施之后，牛的食欲仍不能恢复，说明补偿生长结束，要及时出栏。

4. 出栏体重 经过2～3个月育肥后，架子牛达到550kg以上，增重达150kg以上，平均日增重达1～1.5kg时，继续饲养增重速度减慢，应适时出栏。

第四节　公犊直线育肥技术

公犊直线育肥技术一般选择适龄公犊，在较短时间内采用高能日粮饲喂，育肥120～150d出栏屠宰。高能日粮是指每千克日粮中代谢能10.9MJ以上，或日粮中精料的比例70%以上。

一、技术要点

1. 公犊的选择 架子牛通常是指体重在250～350kg、年龄1.5岁左右公牛或阉牛。它们生长发育整齐，增重速度快，易于育肥，有利于采取统一的饲养管理方式。

2. 分阶段育肥 公犊的饲喂要控制好饲喂次数、饲喂量和精、粗料配比，不应随意改变饲喂时间、饲料种类及日粮配方，通常采用分阶段饲养方式。

（1）恢复期10～15d　公犊经过较长距离、时间的运输，到育肥场后易产生应激反应，并且对饲料、饲养方法、饮水及环境条件需要一个适应恢复过程，恢复期日粮应以青干草为主，或50%青干草加50%青贮饲料。

（2）过渡期15～20d　经过恢复期饲养，架子牛基本适应新的生活环境和饲养条件，日粮可以由粗料型向精料型过渡。将精料和青贮饲料充分拌匀后饲喂，连续饲喂几次后，逐渐提高精料在日粮中的比例。过渡期结束时，日粮中精料的比例应占40%～45%。

（3）催肥期110～150d　在催肥期内，日粮中精料的比例应越来越高，从55%可提高到80%。这样可以大大提高牛生长潜力，满足生长需要，提高日增重。当公牛体格丰满、体重达到500kg以上时，即可出栏。

二、日常管理

1. 饲喂次数　一般每天早晚各喂1次，间隔为12h，确保牛有充分的休息、反刍时间，还要减少牛的运动次数。

2. 饲喂方法　将精、粗、青料按照一定比例制作成全混合日粮饲喂，可提高饲料利用率。也可先喂粗料，后喂精料，保证牛能吃饱，对于粗料，最好进行湿拌、浸泡、发酵、切短或粉碎等处理，促进牛多采食，减少食槽中的剩料量。饲喂时要做到定时、定量、定序，少喂勤添。

3. 营养需要　以牛饲养标准为依据，根据饲料中所含营养物质的量，科学配制日粮，确保蛋白质、能量、矿物质需要。为了促进牛生长，可使用一些添加剂。在大量使用精料情况下，还应使用碳酸氢钠等缓冲剂，防止牛出现酸中毒，用量一般占日粮干物质的1%～1.5%。

4. 称重　育肥过程中最好10～15d称重1次，通过称重可准确掌握育肥牛生长情况，及时挑选出生长速度缓慢的牛并尽早处理。

5. 驱虫和消毒防疫　架子牛过渡饲养期结束，转入育肥期之前，应做一次全面的体内外驱虫和防疫注射。每出栏一批牛，牛舍要彻底进行清扫消毒。

6. 去势　2岁以内公牛不去势育肥效果好，生长迅速快，胴体品质好，瘦肉率和饲料转化率高。2岁以上公牛应考虑去势，否则不便于管理，且肉中有腥味，影响胴体品质。

7. 限制运动　拴系舍饲育肥方式，可定时牵到运动场适当运动。运动时间夏季在早、晚，冬季在中午。

8. 放牧饲养方式　在育肥后期，一定要缩短放牧距离，减少运动，增加休息，以利于营养物质在体内的沉积。

三、特点

在牛生产中，犊牛比例通常是公、母各半。母犊牛主要作为后备牛饲养，公犊牛因不能产奶，除少量用作培育种公牛外，大多经简单喂养后宰杀。在目前育肥架子牛价格高、购买难的情况下，利用公犊育肥，可充分发挥奶公犊初生体重大、饲料转化率高和增重快的优点，生产优质牛肉，为养殖户增收开辟一条新路子，也为增加牛源和牛肉供应找到一个新途径。

第八章 疫病防控技术

第一节 牛场卫生管理要求

为保障养牛业健康持续发展，根据国家对牛重大疫病的防控规定和畜禽场环境卫生质量标准要求，牛的养殖和兽医卫生管理应遵循以下原则。

一、牛场防疫设计要求

（1）牛场应选择在远离住宅区、地势干燥、地下水位低、无有害物质污染的地方。

（2）牛舍和草料场应设置在场区上风，粪尿场和污水池应设置在场区下风；生活区与养殖区分离，生活区与牛舍要有人员消毒通道。

（3）牛舍要坐北向南，墙壁坚固耐用，牛舍内宽敞明亮，粪尿道排污通畅，房顶设抽气孔，前后窗户通风良好，能有效地排出牛舍内潮湿污浊的空气。

（4）场区门口设5m×3m×0.2m的消毒池，供出入车辆消毒。人员出入处设消毒通道，地面铺消毒垫并架设紫外线消毒灯。非工作人员不准进入牛场（舍）。

（5）牛粪应堆积发酵后作肥料，拉运粪尿应有专用道路。

（6）场区内设厕所和垃圾池，工作人员和家属不准随地大小便和随地倒垃圾。

（7）牛舍门口设更衣室、工具室。

（8）饮用水应是无污染的井水、泉水或河水，并注意做好水源周围的环境卫生工作。

二、饲草料的卫生要求

（1）充分利用当地饲草资源。青贮干草要妥善保存，无污染、无霉变。

（2）应使用由饲料管理部门审批的饲料加工企业生产的饲料。无抗生素添加剂，禁止饲喂动物源性饲料。

（3）饲草要除去泥土，清除异物，块根类饲料要洗净、切碎，冬季防止冰冻。

（4）每次饲喂前要清理饲槽、地面，牛床要除去粪尿污物。运动场内要清除铁丝、砖块和塑料片。

（5）场区内定期进行除虫灭鼠，夏季驱除苍蝇。除虫灭蝇使用的药剂不能直接喷洒在牛体、奶桶、盛料等用具上，更不能喷洒在饲草饲料上，以防中毒。

（6）场区内不准饲养其他家畜家禽，并防止外来牲畜及犬、猫等动物进入场区。

三、工作人员的健康及卫生要求

（1）饲养员每年进行一次健康检查，取得健康合格证后方可上岗工作。

（2）患有下列病症之一者不得从事饲草料收购、加工和饲养及挤奶工作。

①痢疾、伤寒、弯杆菌病、病毒性肝炎、消化道传染病等（包括病原携带者）。

②活动性肺结核、布鲁氏菌病。

③化脓性或渗出性皮肤病。

④其他妨碍食品卫生的疾病。

（3）饲养员手部创伤和患有其他开放性外伤，未愈前不能挤奶。

（4）饲养员、挤奶员上班时必须穿工作服、穿工作鞋（靴）、戴工作帽，并经常剪指甲。工作服、工作帽、工作鞋（靴）要经常洗涤和消毒。不准穿工作服、穿工作鞋（靴）、戴工作帽走出场区。

四、机器挤奶卫生要求

（1）挤奶前用45～50℃的温水对乳镜、后腿内侧、乳中沟及整个乳房进行清洗和充分按摩，直至乳房发红、膨胀时开始挤奶，要求做到一牛一桶水，一牛一条毛巾。

（2）首先用手挤出的前三把奶应废弃。

（3）挤奶机要保持清洁良好，送奶管道和贮奶缸使用后要及时清洗消毒。

（4）机器挤奶卫生要求，要严格按照挤奶规定执行，对患有乳房炎的牛隔离单独用小型挤奶器或手工挤奶，所挤牛奶无害化处理。

（5）挤奶结束时，对每个乳头进行药浴消毒。

五、防疫消毒

（1）健全消毒设施，进入牛场区的车辆、人员（本场工作人员）必须进行严格消毒。来自疫区的车辆、人员不得进入牛场。

（2）场内建立统一的卫生消毒制度，并有专人监督实施。定期对牛舍、运动场、饲槽和饮水池等设施的消毒，保持清洁卫生。

（3）健全防疫制度，定期注射疫苗并做好记录，定期检疫，及时处理检出的阳性病牛，净化牛群。

第二节　疫病预防与控制

牛传染病的发生和流行是一个复杂的过程，由传染源、传播途径和易感动物三个因素相互联系缺一不可而造成。因此，传染病防控措施的最终目的就是消除或阻断这三个因素之间的相互联系作用，使传染病不能继续流行和传播。在一般情况下，传染病的防控应包括“养、防、检、治”四个基本环节。综合性防控措施又可分为预防措施和发生疫情时的扑灭措施两个方面。

一、预防措施

（1）建立规模化牛养殖场，必须有严格的档案管理包括免疫档案。按照标准化管理规范的要求和防疫工作需要，牛出生后应终身佩带耳标，实行一畜一标一档。这一规范制度为及时追查疫源和防疫工作责任提供了依据，是有效控制牛传染病发生和流行的重要措施。

（2）坚持自繁自养原则，防止外来疫病传入。牛是饲养周期相对较长的家畜，对饲养环境有一定的适应性，而且经过每年定期的免疫预防，其母源抗体可不同程度地对后代产生一定的免疫能力，所以在一般情况下坚持自繁自养原则，减少外来疫病传入的潜在威胁，是预防牛传染病发生的首要措施。

（3）坚持隔离检疫，把好入门关。从外地引进牛，必须查验原产地《免疫合格证》《产地检疫证》、免疫耳标和非疫区证明等，符合条件的才能引进。引进后必须隔离观察30d，还应由当地兽医对其进行布鲁氏菌病、结核病检疫，属健康无病者方可合群饲养。

（4）实行强制计划免疫是预防牛重大传染病最有效的办法。按当地免疫程序要求，每年进行3～4次口蹄疫免疫。对临产母牛和哺乳期的犊牛做好登记，在达到免疫条件时应及时补免，补免也要达到100％。

（5）坚持严格的检疫制度，每年两次对牛进行布鲁氏菌病、结核病检疫。按国家规定，阳性牛应予以淘汰，消除疫源，净化牛群。

（6）建立严格的卫生消毒制度，净化饲养环境。牛舍每天清扫干净，每周用2％烧碱溶液喷雾消毒一次；牛场环境每月消毒一次；外来人员和车辆进入牛场必须进行严格消毒，防止带入传染源。

二、疫病的控制和扑灭

（1）当发生重大疫病或疑似重大疫病时，应立即向当地行政部门和动物防疫机构报告，不得拖延或瞒报，畜主应当积极配合兽医采集病料送检，并对病牛进行隔离。

（2）封锁疫区，严格消毒。经检验确定为重大疫病如口蹄疫、炭疽等要划分疫点、疫区和受威胁区。由县（市）人民政府发布封锁令，对疫区进行封锁，严禁疫区内的牲畜及其产品进入非疫区。对疫点内的牛舍及其环境用2%烧碱溶液彻底消毒。

（3）扑杀淘汰病牛，消除疫源。对发病牛和未注射过疫苗的同群牛应扑杀处理，并焚烧深埋等无害化处理；对注射过疫苗的同群牛隔离观察。

（4）疫区和受威胁区进行紧急免疫接种，建立免疫带，防止疫情扩散。免疫接种时应顺序为先受威胁区，后疫区，先外后内，尽可能缩小疫区范围。

（5）建立疫区临时检疫消毒制度。疫区的交通路口设检疫消毒站，树立明显警示牌，实行24h昼夜值班制，对出入的车辆、行人进行严格消毒。待扑杀最后一头病牛15d未出现新增病牛，再由县人民政府发布解除封锁令后方可解除封锁。

三、病死畜无害化处理技术

病死畜尸体的无害化处理关系到生态环境、公共卫生安全、食品安全以及畜牧业可持续发展，是实施健康养殖、提供优质产品的重要举措。病死畜要严格按照《病害动物和病害动物产品生物安全处理规程》（GB 16548—2006）规定进行运送、销毁及无害化处理。

1. 焚烧　饲养规模较大的畜禽场应配备小型焚烧炉，在发生少量病、死畜禽时，自行作无害化焚烧处理。将病死畜禽尸体及其产品投入焚化炉或用其他方式烧毁炭化，彻底杀灭病原微生物。

2. 深埋　采取深埋是一个简便的方法，选择远离学校、公共场所、居民住宅区、村庄、动物饲养和屠宰场所、饮用水源地、河流等地方进行深埋；掩埋前应对需掩埋的病害动物尸体和病害动物产品进行焚烧处理；掩埋坑底铺2cm厚生石灰；掩埋后需将掩埋土夯实。病死动物尸体及其产品上层应距地表1.5m以上；焚烧后的病害尸体表面和病害动物产品表面以及掩埋后的地表环境应使用有效消毒药喷洒消毒。

第三节　传染病的防控

一、口蹄疫

1. 病原　是由口蹄疫病毒感染偶蹄动物引起的急性、热性、高度接触性传染病。具有发病急、潜伏期短、传播快、带毒时间长等特点，是世界上危害最严重的家畜传染病之一。根据口蹄疫病毒的血清学特点，有7个血清型：A、O、C型，南非1、2、3型和亚洲Ⅰ型。各型之间抗原性不同，彼此不能互相免疫。在新疆常见的有A型、O型和亚洲Ⅰ型。

2. 传播途径

（1）直接传播　与病牛及其排泄物如粪、尿、乳等接触。

（2）间接传播　通过空气、饮水与带毒产品，如肉、下水、皮、毛等；接触过病牛人员的衣物、鞋、帽、饲养工具、运输车辆；病牛污染过的圈舍草场、水源、屠宰工具、厨房工具、残羹剩菜、泔水；兽医用针头、注射器等器械；带毒的野生偶蹄类动物、老鼠、猫、犬等均可传播。该病流行的最大特点是传播速度极快。

3. 临床症状　牛感染后的平均潜伏期2～3d，有的可达7d甚至14～21d。病牛精神不振，行走蹒跚，食欲减退，体温升高到40～41℃，闭口，流涎。1～2d后，在口腔、舌面、鼻镜、乳房、蹄叉、蹄冠、外阴等部位出现大小不等的灰白色水疱，口温升高，口内流出大量的白色泡沫状口涎，常挂满嘴边，病牛不时发出“咕咕”的吮吸声。采食、反刍完全停止。水疱破溃后形成浅表的边缘整齐的红色糜烂溃疡。哺乳犊牛发病时，水疱症状不明显，主要表现为出血性急性心肌炎，死亡率高。

4. 免疫预防

（1）疫苗的使用　免疫所使用的疫苗必须是取得农业农村部批准生产文号的产品，由动物防疫部门逐级发放。目前，新疆地区牛使用的口蹄疫疫苗有牛羊O型灭活苗、高效浓缩苗，亚洲Ⅰ型灭活苗和O型亚洲Ⅰ型双价灭活苗。每年必须做到2～3次强制免疫。

（2）疫苗的保存和运输　应在2～8℃的低温条件下避光保存和运输，严防冻结、接触热源、曝晒和瓶体破裂。

（3）注射疫苗前的注意事项

①参加口蹄疫疫苗注射的防疫员必须经过技术培训，并实行考核上岗。在使用疫苗前必须详细查看疫苗说明书，对疫苗的出厂日期、批准文号、产品批号、有效期等全面了解，并做好档案记载。

②注射疫苗时，对首批使用的新疫苗应进行小群实验（不少于30头牛），

注苗后牛未出现异常反应时方可扩大使用。

③新注射疫苗的牛，注苗后会出现疫苗反应，尤其是良种牛的反应较重。应做好有症状反应牛的护理。

④免疫接种前要全面了解应免疫牛的品种、存栏头数、健康状况、发病史、免疫史和母牛产犊日期并做详细登记。对不能免疫的牛应按时间及时补注疫苗，保证免疫密度达到100%。

⑤免疫接种用的注射器、针头要做灭菌消毒处理，一畜一个针头。注苗应选择颈部肌肉层较厚部位，不能将疫苗注射到皮下。注苗起针后用碘酒棉球揉压消毒，用完的疫苗瓶要集中销毁。

⑥每天注苗工作结束后，防疫员应将工作服、靴鞋等进行清洗消毒。严禁疫区的工作人员到非疫区进行免疫注射。

5. 口蹄疫的控制与扑灭

五个强制措施：

①强制封锁。在强制封锁时应划定疫点、疫区、受威胁区的界限。疫点是指发病的同一牛群或整个养殖场。疫区是指以疫点为中心，半径3～5km范围内的区域。受威胁区是指疫区向外顺延5～10km内的区域。

②采取的措施。当病牛经指定实验室诊断确定为口蹄疫时，由县级以上人民政府发布封锁令并实施。在疫点周围划定封锁界限，设立标志，固定专人日夜巡逻监督，禁止牲畜和车辆出入，禁止从封锁区搬出一切物品和用具。疫点内人员因病、因公必须出入疫区时，须在驻点兽医监督指导下，经过消毒后方可出入疫区。封锁区内禁止屠宰牲畜，停止牲畜及其产品交易或运出封锁区。封锁区内禁止牲畜配种和人工授精。在封锁区内通往外界的交通要道应设立临时消毒站，铺设宽2～3m、长6～8m浸泡过有效消毒液的草垫或织物（消毒带），进入封锁区内的车辆必须经过消毒带，并对全车进行消毒，车上乘坐的人员应下车经过消毒带进入封锁区。

解除封锁：从扑杀最后一头病畜后的15d再未出现病畜时，由县级以上人民政府宣布解除封锁。解除封锁后，当地畜牧主管部门和动物防疫监督机关派专人对疫区进行监测，对上市交易的牛应经过产地检疫发给检疫证后方可参与交易。

③强制消毒。强制消毒是防控口蹄疫最基础的措施。各级动物防检机构和兽医防疫员要负责实施和指导辖区内养殖场、畜产品存放地、个体养畜圈舍以及运畜车辆的消毒工作。发病期间用5%过氧乙酸对水源、草场进行喷洒消毒。对牛舍、运动场先进行机械清除，后用2%氢氧化钠溶液消毒。将牛舍及运动场内剩余的饲草和牛床垫草及一切废弃物焚烧处理，并对场内生产用具做好消毒处理。运载物品和乳品的车辆，首先应彻底清洗，然后用2%氢氧化钠

溶液对车的轮胎、底盘、车厢内外进行喷洒消毒。

④强制扑杀。对已经确定的病牛坚决扑杀是消除口蹄疫疫源的根本措施。对扑杀的病牛尸体进行焚烧、深埋等无害化处理。选择地势较高、干燥、下风口、远离水源和居民区及道路口的地方挖坑，坑深不少于3m。对扑杀的病牛尸体应喷洒柴油焚烧，或者在尸体下和尸体上铺5cm的生石灰后方可掩埋。同时，对周围污染的土壤、遗留的血迹一并埋入坑内，并对扑杀场地用2%氢氧化钠溶液喷洒消毒。

⑤强制免疫。对疫区内假定健康的易感动物紧急注射口蹄疫灭活苗。为了防止疫情扩散，接种疫苗采用先外后内，先安全区、再威胁区建立免疫带，最后注射疫区内的假定健康畜。

二、布鲁氏菌病

由布鲁氏菌引起的人兽共患传染病。

1. 病原 布鲁氏菌属有6个种，其中流产布鲁氏菌主要感染牛，羊也有一定的易感性。

2. 流行病学 布鲁氏菌病的传染源是病畜及带菌动物（包括野生动物）。感染妊娠母畜在流产或分娩时将大量的布鲁氏菌随胎儿、羊水和胎衣排出。流产后的阴道分泌物以及乳汁中均含有布鲁氏菌。感染睾丸精囊中也带有布鲁氏菌。

布鲁氏菌病易感成年家畜，其中母畜比公畜易感，一般第一次怀孕的母畜发病较多。不仅波及人畜，而且影响鹿、海豹等野生动物。通过与病畜的分泌物、排泄物直接或间接接触，由呼吸道、破损皮肤、消化道等引发感染。

3. 临床症状 牛感染后的潜伏期为14～180d，最显著的临床症状为生殖器官和胎膜发炎，引起流产、不育，可发生在怀孕的任何时间。流产前除有正常的分泌物先兆外，阴道黏膜发生米粒大红色结节，阴道内流出白色或灰白色的黏性分泌物，产后胎盘滞留，阴道内继续排出污灰色或棕红色分泌物，恶臭，胎儿死亡率高。公牛有时可见阴茎潮红肿胀，并有睾丸炎及附睾炎，触之坚硬。布鲁氏菌病在临床上常见的另一症状是关节炎，常见于膝关节和腕关节。母牛有时有轻微的乳房炎症状。人主要出现波浪热、盗汗、关节炎、睾丸炎等。

4. 预防和控制

(1) 检疫与净化畜群 对牛布鲁氏菌病应采取“监测、检疫、扑杀与消毒”相结合的综合防控措施。按国家规定，牛每年两次进行布鲁氏菌病检疫，阳性牛应扑杀处理。

（2）公共卫生　每年定期对饲养场工作人员进行健康检查。发现患有布鲁氏菌病的应及时调离工作岗位，隔离治疗。工作人员的工作服、用具和场地要定期消毒，不得带出工作场地。粪便等污染物要堆积发酵或加生石灰深埋，做无害化处理。

（3）免疫预防　经济牛群或生产牛群可以采取免疫注射疫苗。生产种牛不提倡注射疫苗，应采用检疫净化。

三、结核病

是由分枝杆菌属引起的人畜和禽类的一种慢性传染病，以在机体各组织器官形成肉芽肿和干酪样、钙化结节病变为特征。

1. 病原　主要分牛型、人型和禽型分枝杆菌。对干燥和湿冷的抵抗力较强，对热抵抗力弱，60℃30min 即可死亡，在 70％酒精或 10％漂白粉中很快死亡。在土壤中存活 7 个月，对常用的消毒药 4h 才能杀死。

2. 流行病学　牛结核病主要是由牛型分枝杆菌引起，奶牛最易感，其次是黄牛、牦牛、水牛，猪和家禽也可感染发病。人可由牛型分枝杆菌感染发病。牛型分枝杆菌随鼻涕、痰液、粪便和乳汁等排出体外，健康牛可通过被污染的空气、饲料、饮水等经呼吸道、消化道等途径感染。交配也可以使健康牛感染发病。

3. 临床症状　潜伏期长短不一，短的十几天，长的达数月甚至数年。临床多见有肺结核、乳房结核和肠结核。肺结核的初期病牛出现干咳，容易疲劳。当站立、运动、吸入冷空气或含飞尘的空气时咳嗽更甚，而且日渐加重，表现痛苦，呼吸短促而气喘，机体消瘦、贫血。有的病牛肩前、股前、腹股沟、下颌、咽喉淋巴结肿大。病情日渐恶化，甚至发展为全身性结核，胸腔、腹膜出现大量的结核病灶，出现米粒样结核，即所谓“珍珠病”，听诊胸部有明显的摩擦音。病牛出现日渐消瘦、精神萎靡等症状。

4. 预防与控制

（1）检疫与净化　对牛结核病应采取“监测、检疫、扑杀和消毒”相结合的综合性防控措施。按照国家规定牛每两年进行一次结核病检疫，阳性牛应扑杀处理。

（2）公共卫生　牛场工作人员，每年定期进行健康检查，发现患有结核病者应及时调离岗位，隔离治疗。工作人员的工作服、用具、场地应定期消毒。粪便等污染物要堆积发酵或加生石灰深埋，做无害化处理。

四、炭疽

是由炭疽杆菌引起的人畜共患急性、败血性传染病，多呈散发或地方性流行。

1. 病原 病原菌为炭疽杆菌，在未解剖的尸体内于夏季经1～4d死亡，见空气后形成芽孢可存活12年以上，在土壤中存活30年以上。牧场一旦被污染，传染性可延续三四十年。干热（150℃）消毒可在60min内杀死；湿热消毒（100℃）可在15～45min杀死。常用的消毒液有0.1%升汞、10%烧碱溶液和20%漂白粉。

2. 流行病学 人畜均为易感动物，本病的主要传染源是病畜，濒死病畜体及其排泄物中常有大量菌体，尤其是违规解剖尸体，形成大量有强大抵抗力的芽孢污染土壤、水源、牧地（场），可成为长久的疫源地。

本病主要经消化道感染，常因采食污染的饲料、饮水或在污染的牧地放牧而感染。其次是通过皮肤感染，主要是外伤或由带炭疽杆菌的吸血昆虫叮咬而感染。此外可由吸入带有炭疽芽孢的灰尘，经呼吸道感染。

3. 临床症状 临床特征是体温突然升高，可视黏膜发绀和天然孔出血，急性死亡，尸僵不全，血液凝固不良，成黑色，如煤焦油样。死亡率极高。

4. 防控 当病畜急性死亡怀疑为炭疽病时，绝不能解剖，应立即报告当地政府和动物防疫部门。当确诊为炭疽病后，由县级以上人民政府发布封锁令，对疫点进行封锁；对疫区内的所有家畜做临床检查，分出病畜、疑似病畜进行隔离治疗；对其他健康畜进行疫苗注射。彻底消毒饲养过病畜的圈舍、用具及地面。病畜躺卧过的地方，要把表土除去15～30cm，清除的土应与20%漂白粉混合后再进行深埋。污染的饲料、垫草和粪便应予以烧毁；金属制品进行烧灼消毒；棉、毛制品用水煮沸或用1%苏打溶液煮沸90min；圈舍墙壁、顶棚用20%漂白粉溶液喷洒消毒，每平方米用药约1kg，每隔1h喷洒一次，共三次。

拉运工具应铺塑料布，防止血、水洒漏，尸体连皮一起烧毁后深埋，坑深不少于2m。然后彻底消毒拉运死畜的车辆、用具。

疫区工作的人员必须戴手套、口罩、工作帽，穿工作服、胶靴，工作结束后消毒。手和体表有外伤的人员，不得看管病畜、处理畜圈和清除污染物。

禁止动物出入疫点，禁止运出畜产品和饲草料，禁止食用病畜肉、乳。在最后一头病牛死亡或愈后，再过15d，到疫苗接种反应结束后才能解除封锁。解除封锁前再进行一次彻底消毒。

对于感染症状较轻的病例可以在隔离条件下，用青霉素进行治疗，有良好的效果。在通常情况下，只要本地区历史上发生过此病，就要注射炭疽疫苗。如发生疫情，疫区内所有易感动物都要紧急注射疫苗。

五、犊牛大肠杆菌病

是由大肠杆菌引起7～10日龄犊牛肠道传染性疾病，日龄较大者少见。大群圈养的幼犊发病较多，小群饲养的多呈散发型。

1. 病原 大肠杆菌是人和动物肠道内的常在菌，大多数无病原性。引起疾病的是致病性大肠杆菌，新生犊牛出生后1d，肠道内就有大肠杆菌和其他细菌繁殖。但致病性大肠杆菌会引起新生犊牛的肠道感染。

2. 流行病学 围产期母牛日粮营养不平衡，犊牛出生后体质较弱，母牛初乳质量较差或饲养环境的突然改变。犊牛出生后，由于产房环境消毒不彻底或母牛乳头被污染，致病性大肠杆菌就会随乳汁或其他食物进入肠道引起发病。

在诱发本病的各种因素中，以不喂初乳、饲喂过晚或喂量不足、初乳质量差为主要原因。因初乳中含有丰富的免疫球蛋白和一定量的抗大肠杆菌抗体。犊牛舍环境卫生不良，圈舍过于拥挤，缺乏运动，气候多变，圈舍阴冷潮湿等因素，均可促使本病发生。

3. 症状 本病潜伏期很短，病犊表现发热，精神不振，有的突然死亡。大多数犊牛病初体温升高到40℃，食欲减退或废绝，喜躺卧。数小时后开始拉稀，粪便呈水样，灰白色，混有未消化的凝乳块、凝血块及泡沫，有酸败气味。病的末期，肛门失禁，腹痛。

4. 防控 产后30min内喂给犊牛初乳以获得母源免疫抗体，初乳的温度应在35～38℃，同时要保持犊牛舍清洁、干燥。犊牛一旦发病，应及时治疗，以“抗菌、补液，调节胃肠功能”为治疗原则。

（1）抗菌 四环素50万～70万U或土霉素100万U，静脉注射。新霉素每千克体重0.05g，肌内注射，每日2～3次。

（2）补液 静脉注射适量5%葡萄糖生理盐水。若发现有酸中毒症状，可加入5%碳酸氢钠液。注射速度应缓慢。

第四节 常见病的防治

一、犊牛异物性肺炎

犊牛在人工哺乳时将乳汁吸入肺部引起的化脓性肺炎。规模化牛场由于管理问题而多发此病，是引起犊牛死亡的重要原因。

1. 病因 犊牛在争食乳汁时，由于饲喂方法不当引起的吸入异物而致病。

2. 症状 早期症状不明显，经常咳嗽，体温升高，消瘦，食欲不振，多种治疗无明显效果，1～2个月后死亡。

3. 预防措施 人工哺乳犊牛时，采用哺乳器，切不可用盆、桶等容器让犊牛自由采食。

二、前胃弛缓

是指前胃机能紊乱而表现的兴奋性降低和收缩力减弱的疾病。本病特征是食欲减退，瘤胃收缩力减弱、收缩次数减少等。

1. 病因

（1）长期饲喂种类单一、质量低劣、适口性较差的饲料，如稻草、麦秸和未经加工的玉米秸秆等。

（2）饲料搭配不合理，如粉渣、糖渣、啤酒糟及精饲料饲喂过多，干草、青贮喂量不足。

（3）突然更换饲料或改变饲喂制度，牛过量采食，造成前胃负担过重。

（4）饲喂霉败、变质、冰冻饲料或者块根类饲料清洗不干净，泥沙过多。

（5）气候突变、气温过低、运动量不足、发生感冒或者产后体质虚弱，抵抗力降低，前胃功能不足，多发本病。

2. 治疗

（1）对妊娠后期的病牛　用人工盐250～300g与碳酸氢钠60～80g，姜酊100mL、陈皮酊60mL、茴香醑40mL，混合加水一次灌服。

（2）对产奶量20kg以上的牛　可用10%～20%葡萄糖酸钙、25%葡萄糖液、5%碳酸氢钠液各500mL，与葡萄糖生理盐水1 000mL混合后静脉注射。用人工盐250～300g和碳酸氢钠80g，加水混合灌服。

3. 预防

（1）合理搭配日粮，注意精粗比例、矿物质与钙、磷的配合，保持牛正常的消化机能。

（2）更换饲料应循序渐进，防止突然更换饲料导致牛过食，造成消化机能紊乱。

（3）不喂霉败变质、冰冻草料，加强运动。

三、瘤胃臌气

是瘤胃内蓄积大量的气体，不能以嗳气排出，使瘤胃臌胀、消化机能紊乱的疾病。

1. 病因

（1）食入大量的发酵产气的饲料，如苜蓿、大豆、豌豆、豆饼等。

（2）饲喂发霉变质、雨淋、潮湿的饲料，或者混有大量的粉尘和蜘蛛网的饲料。

2. 症状　多见于采食后不久或采食中突然发作。病牛精神不安，食欲废绝，眼结膜潮红、发绀、眼球突出。腹围增大，左肷部突出，呻吟，不时发出“吭吭”声。瘤胃叩诊呈鼓音；触诊腹壁高度紧张，有弹性；听诊瘤胃蠕动音频繁，呈捻发音、金属音。后期瘤胃蠕动减弱或消失，排粪次数多而量少，最后排粪停止。

3. 治疗

（1）胃管放气　用开口器固定于口腔内，用胃导管经口腔直接插入瘤胃，术者前、后、左、右、上、下移动胶管。助手用力挤压左侧胃壁，可排出胃中蓄积的气体。待腹围缩小后，将药物经胶管灌入。

（2）瘤胃穿刺　于左侧肷部突起处剪毛，用5%碘酊消毒，在左侧肷部用套管针刺入瘤胃缓慢放出气体。待气体完全排出后，用左手指紧压腹壁，拔出针头，局部消毒。

（3）药物治疗

①硫酸镁500～1 000g，鱼石脂30g，芳香氨醑50g，加水一次灌服。

②液状石蜡1 000mL，蓖麻油40mL，鱼石脂30g，加水一次灌服。

③生石灰粉200～250g，加水3 000mL，取石灰上清液，加豆油250g，一次灌服。

四、酸中毒

是由于大量饲喂发酵产酸的精饲料，并以瘤胃中乳酸的蓄积为特征而引起的全身代谢紊乱的疾病。临床上又称酸性消化不良、乳酸酸中毒等。

1. 病因

（1）追求高产奶量，精料饲喂量过高，精粗比例不当，牛代谢紊乱。

（2）怀孕母牛临产前加料促使乳房发育，产后加料催乳，或者冬季加料增膘，春季加料换毛，过食精料而产酸。

（3）粗饲料品质差，加工调制不精细，牛采食量低；青贮饲料酸度过大，干草饲喂不足。

（4）临产母牛抵抗力弱，消化机能差，寒冷、气候突变、分娩等，均可影响瘤胃功能。

2. 症状　本病一般无明显的前期症状，常在采食后的3～5h内死亡。死前张口吐舌，甩头蹬腿，高声哞叫，从口中流出淡淡的含血液体。病情缓和者，食欲废绝，精神沉郁，眼窝下陷，肌肉震颤，走路摇晃；腹泻者，排出黄褐色、黑色、黏性或带血的稀粪；无尿或少尿。卧地不起者，于分娩后3～5h瘫痪卧地，病初头尚能抬起，但很快出现头、颈、体躯平卧于地，躺卧姿势，四肢僵硬，角弓反张，呻吟、磨牙，兴奋甩头，以后沉郁，全身不动，眼睑闭合，呈昏迷状态。

3. 治疗

（1）增加血容量，补充水和电解质，促进血液循环。用5%葡萄糖生理盐水 2 000～3 000mL，静脉注射。

（2）调整体液 pH，饲喂 200g 左右碳酸氢钠，缓解酸中毒，也可用 5%碳酸氢钠液注射液 1 000～1 500mL，静脉注射。

（3）当病牛兴奋不安，出现甩头蹬腿时，用山梨醇或甘露醇 250～300mL，静脉注射。

（4）当病牛全身中毒症状减轻，脱水缓解，但仍然卧地不起者，可注射水杨酸钠或低浓度钙制剂。

4. 预防 牛干奶期精料不宜过多，产奶牛按产奶 1kg 给精料 300～400g 计算。日粮中保持粗纤维素含量，每天喂干草 6～8kg，最好按全价日粮配方饲喂。

泌乳高峰期饲喂精料增多时，日粮中可加入 2%碳酸氢钠和 0.8%氧化镁（按混合料量计）。

五、瓣胃积食

又称瓣胃阻塞，通常伴有瘤胃扩张，是因瘤胃中存在着大量的食物和气体所致。

1. 病因

（1）长期饲喂铡得过短的干草，或者长期饲喂麦茬子，对胃的机械刺激降低或饮水量少发病。

（2）牛吞食胎盘、毛球、麻绳、破布、塑料等不易消化的东西。

2. 症状 病初症状不明显，只见食欲降低，过 3～4d 后病牛才完全不食，便秘，精神委顿，被毛污秽，脱水明显，眼球下陷，尿少而浓稠，呈深黄色，具有强烈的臭味。瘤胃蠕动减弱、膨胀、触压坚实，腹部显著增大。

3. 治疗 病初主要采取轻泻和补液，越早越好，同时静脉注射促反刍液，皮下注射士的宁等，对于发现晚不能确诊时使用泻药，建议先使用油类泻药后使用盐类泻药。瓣胃注射通常是治疗瓣胃阻塞最有效的方法，可用 25%葡萄糖注射液 25mL，加液状石蜡 300mL 穿刺注射，治疗无效时可试行皱胃切开术。

六、尿素中毒

尿素是一种非蛋白质含氮物质，利用尿素和胺盐加入日粮中以代替蛋白质饲喂牛等反刍动物，已被广泛使用。实践证明，每头牛每天应用尿素 100g，在精料中含量不超过 3%，对牛无任何副作用。但是，在日量中尿素配合量过多或搅拌不均匀，尤其统槽饲喂，有的牛抢食过多，会造成中毒。另外，在饲喂尿素的同时，喂给过多的大豆、豆饼以及喂给含水过多的南瓜或者喂尿素后立即饮水，使尿素遭到破坏而中毒。

尿素中毒主要是由于突然产生大量的氨而瘤胃微生物来不及利用，大量的氨通过瘤胃壁进入血液、肝脏等组织器官，使血液氨浓度增高所致。

1. 症状　急性病例在采食后 30～60min 发病，病牛表现为大量流涎、瘤胃臌气、磨牙、踢腹、精神不安、发出痛苦的呻吟、出汗、肌肉震颤、共济失调、呼吸困难、强直性痉挛、抽搐，多在几小时内死亡。

2. 防控　当病牛出现瘤胃臌气时，应立即进行瘤胃穿刺缓慢放气，可灌服食醋 1 000mL 或灌服发酵的酸牛奶 1 500～2 000mL，以降低瘤胃 pH。静脉注射 10%葡萄糖酸钙 300～500mL，25%葡萄糖液 500mL。另外，内服谷氨酸 200g 有一定的效果。

饲喂尿素应严格掌握用量，饲喂尿素的同时，不得饲喂豆类饲料和含水分过多的多汁饲料。饲喂尿素 60min 后再饮水。对断奶前的犊牛，不应饲喂尿素。

七、犊牛支气管肺炎

初生犊牛在冬季最常见的疾病。若治疗不及时，往往造成犊牛死亡。

1. 病因　牛舍通风不良，潮湿寒冷，犊牛发生感冒而诱发本病，由多种病原菌引起的常见病。

2. 症状　病犊出现咳嗽，呼吸困难，体温升高达 40～41℃，不愿走动，站立发呆、喘气，心跳加快至 80～100 次/min，肺部出现各种不同的大小啰音。

3. 防控　用抗生素或磺胺类药物，如磺胺甲基嘧啶等。对多杀性巴氏杆菌和大肠杆菌感染引起者，可用卡那霉素（每千克体重 15mg）或新霉素（每千克体重 4mg）肌内注射，连续 7d。保持牛舍通风、干燥、温暖，经常性消毒可以很好地预防此病。

八、乳房炎

乳房炎是牛最常见的一种乳腺疾病，多见于高产母牛泌乳的初期或产乳量较高的时期。无明显临床症状的为隐性乳房炎，有明显临床症状的为临床型乳房炎。

1. 病因

（1）机体本身　母牛饲养管理不当或产后机体抵抗力下降；用不清洁的水清洗乳房或违反挤奶操作规程，一次挤奶不够彻底；不严格消毒挤奶机，挤奶机负压过高，电压不稳，抽吸过快或过慢。以上都可造成乳头或泌乳孔损伤而使病原微生物侵入，引起发病。

（2）病原菌　引起乳房炎的病原菌可以分为两大类，一类是传染性病原微生物，主要包括金黄色葡萄球菌、无乳链球菌、支原体等；另一类是环境性病原菌，包括大肠杆菌、肺炎克雷伯菌、凝固酶阴性球菌、霉菌、酵母等。由乳头接触的环境被病原污染后，病原进入乳池后引起乳腺感染。

（3）隐性乳房炎　一般无明显的临床症状，只是乳汁的质和量发生潜在性的变化，乳中白细胞数增多，乳汁由正常的弱酸性变为偏碱性，泌乳量减少。该病往往不被饲养者重视，但危害性极大，不仅影响收购鲜奶卫生质量等级，而且极易转变为临床型乳房炎。因此平时应定期用隐性乳房炎诊断液（LMT 等）进行监测。阳性牛的牛奶不应与正常奶混装，否则将降低奶的质量。对泌乳期和干乳期患牛应分别用药进行治疗，并加强环境和牛乳区卫生管理。

（4）临床型乳房炎　根据炎症性质不同又分为浆液性、卡他性、纤维素性、化脓性、出血性及坏疽性等。其共同症状是乳房患部红、肿、热、痛，机能障碍，乳汁的质和量明显改变，即乳汁稀薄或呈水样，含有絮状物、乳凝块、脓汁或血液，乳量减少或停止。重症乳房炎患牛出现精神沉郁、食欲减退、体温升高等全身症状。如发生坏疽性乳房炎时抢救不及时，还会因败血症而死亡。

2. 乳房炎的危害

（1）影响乳汁品质　牛乳房炎是造成牛养殖业经济损失最大的疾病，当牛发生隐性乳房炎时，牛奶中的体细胞数升高，脂肪酶含量的上升导致牛奶变味，也会导致乳糖、酪蛋白、乳脂的下降，氯化钠和乳清蛋白的上升，pH 的升高，缩短牛奶的保质期等一系列危害。

（2）降低生产性能　当牛感染乳房炎后，机体产生大量的白细胞用于消灭病原菌和修复损伤的组织，大量的白细胞聚集在一起，堵塞了部分乳腺管道，使其分泌的乳汁无法排出，从而导致泌乳细胞总量的减少，影响整个胎次甚至终身的产奶量。

（3）经济损失　一般乳房炎治疗需要抗生素治疗，直接增加了治疗成本，并大幅度减少产奶量，同时奶中长时间含有抗生素，使牛奶质量受到影响，国家禁止含有抗生素的牛奶上市销售，造成的经济损失极大。

3. 治疗　乳房炎的治疗越早越好，延误治疗会加重病情，影响以后泌乳机能的恢复。采取对症治疗和全身治疗。

（1）挤乳及按摩法　为了及时从患叶排出炎性渗出物，降低乳腺内的紧张性，每 2～3h 挤乳 1 次，夜间 5～6h 1 次。每次挤乳时按摩乳房 15～20min。浆液性乳房炎从下而上按摩，黏液及黏液脓性的需自上而下按摩。其他性质的乳房炎，一律禁止按摩，以防炎症扩散和通过血液转移。为了制止炎性渗出，对浆液性、黏液性及纤维素性炎症的病例，在炎症的初期进行冷敷、热敷及涂擦刺激剂，2～3d后也可红外线照射。涂擦樟脑酐、樟脑软膏或用醋调制的复方醋酸铅散糊剂等微刺激性药物，以促进吸收、消散炎症。

（2）乳房内注入药液法 通常用青霉素80万～160万U和链霉素100万U，溶于100mL 0.25%盐酸普鲁卡因溶液或蒸馏水中，在挤净乳汁或炎性蓄积物后，借助导乳管经乳头注入。然后抖动乳头基部和乳房。每日2次，连续2～4d。

（3）乳房基部封闭疗法 封闭前叶时，需将乳叶向下方推压，充分暴露乳房和腹壁的间隙，在乳房侧面转向前方的交界处，将封闭针头朝向对侧膝关节刺入8～10cm，每叶注入0.25%盐酸普鲁卡因溶液150～200mL，注射时注意扩大浸润面。后叶的刺针点在乳房中线旁2cm，乳房基部的后缘，将针头对向同侧腕关节方向刺入。

（4）全身疗法 对较重的乳房炎还应肌内或静脉注射广谱抗生素，并给予强心、补液、解毒及中草药等治疗措施。

4. 防控措施

（1）环境控制 保持牛舍通风、干燥、温暖，经常性环境消毒。及时清理牛床垫料及粪便，并撒上熟石灰粉，重点用多种消毒剂交替喷洒牛床。

（2）增强牛体质 根据不同饲养阶段牛营养需要，制定科学全价的日粮标准，应侧重围产期饲养标准，减少牛代谢性疾病，提高机体抵抗力。

（3）注射疫苗 在牛干奶期，根据牛场特点，选择具有针对性的牛乳房炎疫苗注射，可以收到良好的效果。

第五节 繁殖疾病的防控

一、不孕症的防控

（一）不孕症诊断操作技术

牛不孕症是指母牛到了繁殖年龄和产后到了三个月以上，多次输精而不能及时受孕、由多种疾病造成不孕的总称。牛的不孕症严重影响牛群的繁殖，缩短牛的使用年限而提前淘汰，造成严重的经济损失。因此在排除先天性不孕的基础上，应重视分析后天获得性不孕的原因，采取综合防控措施，提高繁殖率和牛场的综合效益。

1. 直肠检查法

（1）注意检查者的安全 在寒冷天气要防感冒，使用一次性手套，手臂如果有外伤要防止感染，检查母牛保定架的后面不要用横杆，以防病牛突然卧下，造成伤害。检查时要经常注意病牛伤人。直检后，手臂要洗净、消毒并涂以凡士林油以防肤裂。

（2）注意病牛的安全　检查者要将指甲剪短锉圆，手臂涂以润滑剂，检查时要按操作顺序进行。动作要缓慢，不能粗暴，以防伤害直肠。

（3）直肠检查操作要点　手臂涂以润滑剂，五指并拢伸入直肠，掏出畜粪，手再缓慢伸入，当手伸入直肠10cm左右时，手掌伸展，下压即可感到一条纵向的棒状物，即是子宫颈。用手将直肠后拢到子宫颈处，手指伸展立即将子宫颈握在手中，测定其粗细、软硬和长短。手握住子宫颈，沿着子宫颈向前移动，即可摸到子宫体，让手心向下，手背向上、向前滑动时，中指可以感到有一浅沟即为角间沟，该沟的两旁各有一条向前、向下弯曲的圆筒状物即是两子宫角。这时手指可以前后滑动，将角握在手中，检查粗细、软硬、长短和反应。沿着子宫角的大弯向下并向两侧近骨盆前沿可以摸到左右卵巢。卵巢为椭圆形，柔软而有弹性。根据性周期时间不同，卵巢的大小、形状、质地、位置都有变化。用中指和食指夹住卵巢、固定卵巢，用拇指检查卵巢的性状。在检查生殖器官时，有时感到子宫角不清楚，这时用手左右、前后滑动，使之兴奋，便可摸清。在检查子宫角时，顺着角尖向前侧方滑动，便可以摸到输卵管。

2. 阴道检查法　用开张器打开阴道，再用反光镜将光线反射到阴道内进行详细的观察，再确定病变性质。观察和检查项目有以下几项：

（1）阴道黏膜颜色，湿润程度，有无血丝分布。

（2）分泌物的性状、颜色、气味、黏稠度，脓性分泌物位置、数量和性质。

（3）阴道是否狭窄，有无积留增生物，阴道前端下陷程度，颈口开张程度。

（二）牛不孕症的综合防控措施

1. 饲料合理搭配全价饲养　加强饲养管理是减少饲养性不孕的有效方法。营养不良会造成母牛不发情或发情异常，无法配种或配不上种而不孕。有的牛即使发情也不排卵，即使排卵，但因卵质和卵核不成熟而达不到受孕的目的。再者营养不良，母牛体况不佳，抵抗能力弱，病原微生物容易侵蚀机体，造成生殖道感染而患病。目前母牛饲养主要存在的问题为母牛采食量不足，或者是饲料质量不高。

（1）蛋白质　蛋白质不足和过剩都会使卵子生成紊乱，性机能造成破坏。如果蛋白质、能量过剩，会使卵巢中沉积脂肪，卵泡上皮变性而引起肥胖性不孕。蛋白质较丰富的饲料有豆类、油饼类、苜蓿以及油料加工后的副产品等。

（2）维生素　维生素缺乏对家畜造成的影响更大，尤其是维生素A和维生素E的缺乏。维生素A不足和缺乏，可以引起卵细胞变性。含维生素A较多饲料为胡萝卜、青饲料、青贮料和大麦芽等。维生素 E 不足，可以发生不孕、慕雄狂或隐性流产；即使怀孕，也易发生早期流产、死胎或被吸收。含维生素 E 多的饲料有青饲料、青干草、谷类籽实、大麦芽、小麦芽和苜蓿等。

（3）矿物质　以钙、磷和碘比较重要，其次是钴和锌。当母牛缺少钙时，产后发情异常或不发情；但钙过量时，由于降低了对磷的吸收作用以至造成磷的缺乏，反而会使生育力降低。含钙较多的饲料有豆科茎叶、干苜蓿。禾本科秸秆中钙含量较低，以玉米秸、麦秸、稻秸等制作的黄贮、微贮作为主要饲料时，就要适当补钙。

当母牛缺乏磷时，可使青年牛初情期延迟，使成年牛发情不完全，发情紊乱或者不发情。含磷较多的饲料有小麦麸、花生饼、大麦、玉米皮、玉米、豌豆和棉籽饼。

当母牛缺乏碘时，甲状腺机能减退，甲状腺素不足，代谢机能降低，因而发情减弱，发情持续时间较短，甚至完全停止。怀孕牛缺碘时，容易发生流产和早产；有时还影响胎儿生长发育。含碘较丰富的饲料是大豆、马铃薯、苜蓿，其次为大麦、豌豆和玉米。必要时可以口服碘化钾。

当母牛缺钴时，食欲减退，消瘦和不发情。含钴较多的饲料有青饲料、多汁饲料、大豆饼和燕麦。母牛缺锌时，繁殖机能降低，青年牛不发情。含锌较多的饲料有糠麸类、牧草和籽实。

2. 加强日常管理

（1）加强母牛的运动和适当放牧。运动和适当放牧对于青年母牛、成牛母牛、怀孕母牛都非常重要。尤其对舍饲母牛和拴系母牛，必须有运动场所，使之自由活动，必要时应进行驱赶和放牧运动。在生产实践中，由于运动不足，发生子宫弛缓，影响繁殖的比例大约占不孕牛的 20%。

（2）及时治疗产后不孕症是提高母牛繁殖力的重要措施。在人工授精、助产、治疗产科病过程中，必须遵守消毒制度，严格无菌操作，是预防不孕症的重要措施。

（3）产后在犊牛吸吮初乳后，将母牛和犊牛及时分开是保持母牛健康卫生、提高母牛繁殖力的重要措施。

（4）对母牛定期进行繁殖健康检查。

（三）典型病例

1. 卵巢囊肿　由未排卵的卵泡或卵泡壁上的细胞黄体化形成，前者称为卵泡囊肿，后者称为黄体囊肿。

（1）病因　可能是大量使用雌激素制剂及孕马血清，引起卵泡滞留发生囊肿。脑下垂体前叶机能失调，激素分泌紊乱，分泌促卵泡生长素过多，而促黄体生长素不足，卵泡过度增大，但不能正常排卵。有时继发于卵巢炎、输卵管炎症、子宫内膜炎或胎衣不下、流产等。

（2）症状

①病牛发情异常，性周期无规律，发情持续时间长，性欲旺盛，呈慕雄狂症状，经常追逐或爬跨其他牛，引起全群牛在运动场内乱跑，不得休息，有时也接受其他牛的爬跨。

②长期卵巢囊肿，病牛呈现雄相化，外观其颈部肌肉逐渐发达增厚，因而颈部短粗、发声如公牛，尾部增高翘起，在尾根和坐骨结节之间形成一个深的凹陷，阴唇浮肿而增厚，乳房逐渐缩小，泌乳减少。

（3）治疗

①加强牛饲养管理，提高个体素质，增加运动量，防止本病的发生。

②一次肌内注射绒毛膜促性腺激素 2 500～6 000U 或 10 000U，治愈率80%以上。

③一次肌内注射黄体酮 50～100mg，隔日一次，连用 5～7 次。

④一次肌内注射垂体促黄体激素 200～400 单位，隔日一次，连续 2～3 次。

⑤一次静脉注射地塞米松 10mg，隔日一次，连续 3 次。

⑥挤破囊肿：术者将手伸入直肠，隔肠壁用中指和食指夹住卵巢系膜，并固定卵巢，然后用拇指压迫囊肿。为防止囊肿破裂后流血，可在挤破囊肿后继续按压 5～10min，直至按压处形成深的凹陷。

2. 持久黄体　也称永久性黄体，黄体滞留。由于母牛分娩或排卵后妊娠黄体或性周期黄体及其功能超过正常时间而不消失（25～30d），黄体酮的作用持久，抑制了卵泡的发育，其临床特征是母牛久不发情，引起不孕。

（1）病因　高产牛分娩后，产奶量高而持续奶期长，但不重视饲料的合理调节，发情时间延迟而引起本病的发生。子宫疾病（如胎衣不下、慢性子宫内膜炎），子宫恢复迟缓，子宫内异物滞留（如死胎、木乃伊、子宫积水、蓄脓、肿瘤）等，均可影响黄体消退和吸收，而成持久黄体。

（2）症状　发情周期消失或长时间不发情。直肠检查，一侧或两侧卵巢体积增大，卵巢内有黄体存在，部分黄体呈圆锥状或蘑菇状突出于卵巢表面，质地坚实。或者黄体不突出卵巢表面而卵巢体积增大，子宫收缩微弱。

（3）防治

①前列腺素 5～10mL，一次肌内注射或注入子宫。

②一次肌内注射氟前列烯醇 0.5～1mg。

③一次皮下注射胎盘注射液 20mL，连续 4d。

④伴有子宫炎症时，应先肌内注射己烯雌酚 15～20mL，促使子宫颈口开

张，再用土霉素2g，溶于150～200mL蒸馏水中，一次注入子宫内。

3. 子宫内膜炎　根据发病的征候分为急性和慢性，慢性子宫内膜炎多由急性转变而来，病原菌引起子宫黏膜慢性发炎，为母牛不育的主要原因之一。

（1）急性子宫内膜炎的症状与诊断　急性子宫内膜炎主要发生于产后。病牛体温升高，阴门内排出黏性脓性分泌物，带有臭味，排出持续时间超出产后恶露正常排出时间，全身症状比较明显。

（2）慢性子宫内膜炎的症状与诊断　体温升高0.5～1℃，食欲不振，消瘦。从阴道流出灰白色到褐色混浊脓液，带有臭味，喜卧，尾根和后腿内侧被污染物胶着，时间较久有结痂。发情周期不正常，阴唇、阴道、子宫颈口附有黄色分泌物，子宫颈口开张，阴道底部往往积有脓液。一侧或两侧子宫角增大，子宫壁厚而软，厚薄不一，几乎没有收缩反应。冲洗回流液呈混浊状态，像稀面糊，有时呈黄色稠脓状。

（3）治疗方法

①子宫冲洗、灌注方法。

A. 器材：吊瓶1～2个，橡胶导管（输液管）1m长的2支，接头2～3个，不锈钢冲洗灌注器2～3支；50～100mL注射器2～3支。所有器具在使用前要严格消毒。

B. 药品：酒精、碘酒棉球、各种冲洗液和灌注药品。

C. 冲洗液的种类：

无刺激性冲洗液：1%盐水，1%～2%小苏打。适用于隐性子宫内膜炎和配种前后的冲洗。

刺激性冲洗液：1%～10%的盐水，适用于各种子宫内膜炎的早期冲洗和治疗。

消毒性冲洗液：0.01%～0.05%新洁尔灭，0.05%～0.1%高锰酸钾，0.1%碘酊水，适用于各种子宫内膜炎。常用灌注药品：链霉素、金霉素、土霉素、四环素、红霉素、磺胺类等，上述抗生素、磺胺类药品溶解于生理盐水中，用灌注器灌入子宫内。其用量按病情而定。

②冲洗灌注方法和步骤。首先将连有输液管的吊桶内盛好冲洗液，吊在距外阴部60cm高的六柱栏的后柱上。

先用消毒液将病牛外阴部清洗干净。一手将输液管折叠握在手中，以防冲洗液外流，并将冲洗器插入阴道；另一只手伸入直肠，用直肠把握子宫颈的方法，将冲洗器插入子宫中，一面用手轻揉子宫进行冲洗。当冲洗液灌注入子宫内50～100mL时，将冲洗器插于阴道，一手在直肠内将子宫抬高，把冲洗液导出，再将冲洗器插入子宫内继续冲洗，如此反复冲洗，待冲洗的回流液清亮无物时为止。一般情况下每日冲洗一次，病轻者隔日冲洗一次，直到最后两次冲洗无物为止。

每次冲洗除用腐蚀、消毒性冲洗液以外，用盐水类冲洗液冲洗后，将冲洗液排净后再用含抗生素的灌注液进行灌注。此灌注液不必排除，自然流出即可。

③冲洗液的温度。在治疗急性子宫内膜炎时，需要用凉（15～20℃）、温（20～30℃）的冲洗液。在治疗慢性子宫内膜炎时，用略热的冲洗液（40～45℃）。

④冲洗液和灌注液的用量。子宫冲洗液一般一次用量为200～400mL。阴道性炎症可达1 000～20 000mL。每日或隔日一次，共4～8次。灌注液根据子宫大小，一般以20～40mL为宜。

⑤冲洗液的冲洗适宜时间。对急性炎症的病牛应及时冲洗治疗。对慢性炎症，最好结合母牛发情的持续期进行治疗。因为此时子宫颈口开放，容易操作和治疗。在间情期时，可先注射雌激素使宫口张开时再进行冲洗治疗。

⑥冲洗子宫时注意事项。冲洗液对子宫的压力不要过大，否则冲洗液流入输卵管内，可造成上行性感染。

冲洗液和灌注液的浓度。药液的选择要符合病情，药液的浓度要适当。一般在治疗初期浓度高些，以后随着病情好转，浓度逐渐降低。腐蚀性、消毒性药液的浓度不能过高。

要熟练直肠把握技术，以便将冲洗器顺利插入子宫中，否则，在冲洗灌注过程中伤害子宫或插不进去而造成治疗失败。

利用冲洗液冲洗治疗子宫时，每次冲洗液流入200～400mL时，应将冲洗液立即导出来，再进行冲洗。如此反复进行，到冲洗液的回流无污物为止。

4. 全身治疗 当病牛体温升高，全身症状比较明显时，可以注射金霉素、土霉素、四环素、红霉素等抗菌药物，同时对症治疗。

二、子宫脱出

子宫脱出是子宫从阴门向外翻出，同时子宫、子宫颈和阴道全部脱出阴门之外。

1. 病因

（1）老年牛、瘦弱牛，妊娠期间营养不良，运动不足，尤其钙磷比例失调，容易引起子宫脱出。

（2）由于胎儿过大、胎水过多、双胎等因素致使子宫过度扩张，造成子宫肌张力降低，子宫迟缓及子宫韧带松弛。

（3）母牛难产或人工助产时，用力过猛，动作粗暴，将子宫带出；胎儿拉出过快，子宫内压突然减低，腹压相对增高，压迫子宫而翻出。

（4）有时小部分胎衣不下，大部分胎衣垂于阴门之外，由于下垂胎衣的重力和病牛痛苦而努责，而将子宫脱出。

2. 治疗　采取整复手术，越早越好。若脱出时间久，损伤、炎症病变严重，特别是子宫体水肿变脆，体积增大，不易整复。整复时，应先清除子宫表面的污染物，用消毒液将子宫清洗消毒，然后牵病牛站在前低后高的地方，若病牛表现不安或强烈努责，用2%～3%普鲁卡因10～15mL作尾椎硬膜外腔麻醉，由助手用消毒纱布托住子宫。术者双手消过毒后握成拳，从子宫角或子宫基部向盆腔内缓缓推进，如果病牛努责时拳顶住不动，不努责时再推进，由助手将推进的部分压住。待子宫推进后，手臂随之进入子宫，将子宫角展平复位。为了防止子宫再复出，可用普鲁卡因15～20mL，分别在阴门两侧和上下部分点注射，可麻醉阴门括约肌，减轻病牛疼痛，减少努责，避免子宫复出。子宫整复后，必须将抗生素放入子宫内消除炎症疼痛，同时，缓慢静脉注射5%葡萄糖生理盐水1 000～1 500mL，2%普鲁卡因溶液40mL，氢化可的松1 000mg，每日一次，连用2d。

三、胎衣不下

牛在正常分娩的情况下，产后12h仍未排出胎衣者，称为胎衣不下。

1. 病因

（1）牛妊娠后期运动量不足，产后子宫迟缓，收缩无力。

（2）妊娠期饲草料单一，品质差，缺乏矿物质、维生素、微量元素等，母牛过肥或瘦弱。

（3）胎儿过大、双胎、羊水过多、助产过程中动作粗暴，引起子宫炎症而收缩无力。

（4）牛床卫生条件差，致病菌感染子宫，造成胎儿胎盘与母体胎盘发炎粘连。

2. 症状　有部分胎衣悬垂在阴门外，大部分胎衣滞留在子宫内，病初无明显的全身症状，病牛表现拱背、举尾，不时呈排尿姿势，伴有轻微的努责。

3. 治疗

（1）症状较轻的，子宫内注入10%氯化钠溶液1 500～2 000mL冲洗，促使胎儿胎盘绒毛脱水收缩，脱离母体胎盘。

（2）较严重的，一般使用5%的葡萄糖500mL、地塞米松15mg/kg、维生素C 30～50mL、维生素 B_1 30mL配合头孢等静脉注射，每日1次，连用3d，情况严重的需要每日2次。

（3）中药治疗

①车前子200～300g。用白酒拌湿后点燃并不时搅拌，待酒燃尽，冷却后研碎加水内服。

②加味生化汤。当归50g、川芎30g、红花30g、炮姜30g、牛膝30g、茜草30g、益母草50g，水煎灌服。

（4）简易疗法

①母牛产犊时收集羊水2 000～3 000mL，一次灌服。

②剥离胎衣是临床上常用的方法，但不在万不得已的情况下，不宜使用胎衣剥离手术，否则引起子宫内膜炎导致屡配不孕。

四、产后瘫痪

产后瘫痪也称产乳热病，是牛产后突然发生的一种急性低血钙症。多在产后3d内发生，以产后24h发病者为多，而且病情发展快而严重，不及时抢救常会很快死亡。

1. 病因

（1）分娩后大量泌乳，钙从乳中排出较多，使血钙含量急剧下降。为了弥补血钙的不足，机体进行了一系列的调整（通过肠壁吸收钙、造成骨中钙的游走）。如果血钙得不到及时补充，就出现持续性的低血钙，从而导致产后瘫痪。

（2）分娩前腹压增大，乳房肿胀，影响静脉回流。分娩后，胎儿排出，腹压下降，挤出初乳过多，乳房空虚，致使大量的血液流入腹腔和乳房，流向头部的血液减少，血压下降，引起大脑暂时性贫血，机能障碍，致使大脑皮层发生延滞性抑制，影响对血钙的调节，造成瘫痪。

2. 症状 病初食欲、反刍停止，病牛表现不安，有时出现暂时性兴奋。四肢无力，后躯摇摆，不久即瘫痪卧地，呈现特殊的卧地姿势，四肢弯曲于腹下，头颈平置于地上，但很快就将一侧前后肢伸向侧方，头向一侧弯曲至胸部，并置于该侧前肢基部之上，呈犬卧状。用手强行拉直，松手后又很快弯向胸侧。皮肤、耳、角、四肢等末梢冰凉，体温下降到35～36℃或更低。舌头伸向口外，直肠蓄积粪便，膀胱积尿，有时出现瘤胃臌气。

3. 治疗

（1）补钙疗法　静脉注射5%氯化钙或10%葡萄糖酸钙300～500mL；50%葡萄糖200～300mL，20%安钠咖10～20mL。如果病情未见好转，隔6h再注射一次。注射时宜缓慢滴注，并随时注意心跳节律，遇到心跳异常时可暂时停止注射。

个别病牛发生产后瘫痪与镁的缺乏有关，因此，在补钙的同时，可皮下注射25%硫酸镁100～150mL。补钙后病情好转，但不能站立，可能是伴有低磷酸盐血症，可静脉注射3%次磷酸钙1 000mL（用10%葡萄糖液配制）。注射时必须缓慢，100mL应控制在10min左右。

（2）乳房送风法　先将乳头、泌乳孔消毒，再将送风管涂上润滑剂，缓缓插入泌乳管，用手有节奏地按压橡皮球，把空气打入乳房。一般使乳房膨胀，叩打呈鼓音为宜。四个乳区都要注入空气，用绷带扎住乳头基部，经2h后取下绷带，如无效，可在6h后，再注入空气一次。

第九章 粪污处理利用技术

第一节 堆肥发酵技术

一、堆肥的机理

在堆肥化过程中，有机碳被微生物呼吸代谢因而降低碳氮比，所产生的热可使堆肥温度达到70℃以上，能杀灭病菌、虫卵及杂草种子。经过堆积后较松软而利于撒布；有些具有强烈的臭味，制成堆肥后不但没有臭味而且具有泥土的芳香。

堆肥化的过程是一连串微生物的反应，堆肥材料如同培养基，堆积后如同发酵槽，因此任何影响微生物活性的因子都与堆肥化有关。以下就碳氮比、水分及空气、温度、酸碱度、菌种及腐熟度分别说明堆制时控制或判断的方法。

水分为生物所必需，在堆肥中约低于30%时即无法反应。又因为好气性反应较厌气性反应快速且完全，且有害物质产生较少，因此水分含量超过70%时将不利于反应。大多数的试验结果显示水分含量为60%左右时最有利于堆肥反应的进行。可以用手掌握住堆肥，水滴似要滴下的状态即可。新鲜牛粪含水量多为80%以上，不易发酵，因此制作堆肥时应加入一些干秸秆或干草等调整含水量。为使堆肥保持良好的通气度，可加锯木屑及稻壳等添加物，使其适于通气。堆肥1个月时用铲车倒垛，让水分蒸发；再经1个月发酵，再用铲车倒垛一次，等含水量达到40%～50%时进行第二次处理，在可蒸发的密闭搅拌厅里，每日搅拌1次，经35d发酵即成为发酵粪土。

二、堆肥的关键技术

1. 发酵前处理

（1）调整含水率　堆肥发酵最适含水率60%～65%，低于30%微生物增殖受抑制，高于70%空隙率低，空气不足。调整水分常见方法四种：一是添加稻壳、木屑或甘蔗渣等当地来源容易的农副产品；二是添加已发酵的堆肥；三是干燥；四是机械脱水。

（2）调整碳氮比　最适碳氮比是20∶1。牛粪碳氮比为（20～23）∶1，所以堆肥处理时牛粪可不调整碳氮比。

（3）调整pH　堆肥微生物喜微碱性，即pH7.0～8.0，贮藏时间久，而pH降低时可用石灰调整。

（4）混合均匀后覆膜　在堆粪场堆放粪便时要覆盖塑料薄膜，减少苍蝇繁殖所需的湿粪的暴露面积，以避免苍蝇的产生。因为母苍蝇多是在粪便上产卵，孵化之后形成幼蝇，覆盖塑料薄膜是隔断了其繁殖途径。堆肥覆膜是减少苍蝇繁殖很好的选择，还可以从总体上降低臭味的散发，以及更好地回收利用粪便。

2. 畜禽粪便堆肥腐熟的判断依据

（1）堆肥温度　堆肥发酵过程产热，数天内温度急剧上升。一般堆体温度应控制在60℃左右。超过70℃则会造成过熟。高温持续几天后下降，经过几次翻堆以及堆温上升、下降之后，堆温已不再上升，可认为堆肥腐熟。

（2）有机质残存率　堆肥处理过程，有机质因不断分解而减少。经过一段时间有机质残存率呈稳定不变时，可认为堆肥腐熟。

（3）发芽率试验　采用萝卜种子，在5%堆肥萃取液中，于20℃恒温培养3d，良好的发芽率可认为堆肥腐熟。

（4）圆形滤纸图形显示判定法　滤纸用0.5%硝酸银溶液浸泡，烘干待用；往堆肥样品中加入苛性钠溶液，取其上清液，吸入滤纸，若呈现齿状突起图形，明显者可认为堆肥腐熟，若未显示齿状突起而呈圆滑者为堆肥未腐熟，完全腐熟堆肥呈现齿状突起图形。

（5）综合性判定　包括发酵天数60～90d；堆肥颜色呈黑褐色；材质形态呈轮廓崩毁，均匀细小；臭气方面，没有粪尿臭，有堆肥发酵味；含水率，呈干燥状态，手压不成块；发酵温度，高温达70℃以上；翻堆次数，6～7次。

三、堆肥的制作

1. 料槽式堆肥发酵　将牛粪便堆置在固定的料槽内，在料槽的底部设置通气管道，料槽的两侧安装固定的轨道，翻堆设备在轨道上可以来回移动，以此对料槽内的牛粪便进行捣碎、搅拌和翻起等，使物料达到好氧发酵的目的。料槽式发酵一般在室内进行。这种方法综合了各种发酵方法的优点：发酵时间短（一般发酵时间为10～20d，腐熟干燥约20d），发酵过程较易控制，运行费用较低，能实现工厂化大规模生产，不受季节天气影响，对环境不造成污染等。根据设备的形式不同，发酵槽的宽度一般为6m，发酵槽的深度为1.35m，发酵槽的长度一般为80m，可根据实际情况而设计。翻抛设备为旋转式搅拌机，应具有搅拌功能、翻抛功能和破碎干燥功能。

2. “EM”牛粪堆肥发酵 EM（Effective Microorganisms）菌是以光合细菌、乳酸菌、酵母菌和放线菌为主的10个属80余个微生物复合而成的一种微生活菌制剂。用牛粪便作为原料，水分控制在40%左右，16t左右牛粪便加入5kg菌液和2～3kg玉米粉混合拌匀。堆成宽2m、高0.5m、长度不限的条形堆，用旧麻袋片或草帘盖好，一般在24h内，堆温可升至50℃左右。48h内，堆温可升至60℃以上，甚至高达70℃以上，这样的温度春、夏、秋季节一般7～10d即可使堆中原料全部腐熟，恶臭消失，原料中的病原菌、虫卵、草籽等全部杀死。用这种方法发酵成的肥料可称为生态有机肥，也可称为无公害有机肥料。

第二节　厌氧发酵生产沼气

利用厌氧菌（甲烷发酵菌）对牛场粪尿及其他有机废弃物进行厌氧发酵，生产以甲烷为主的可燃气体即沼气，沼气可作为能源用于本场生产与周围居民燃气、照明等。发酵后的沼渣与沼液可用作肥料。其流程如图9-1所示。

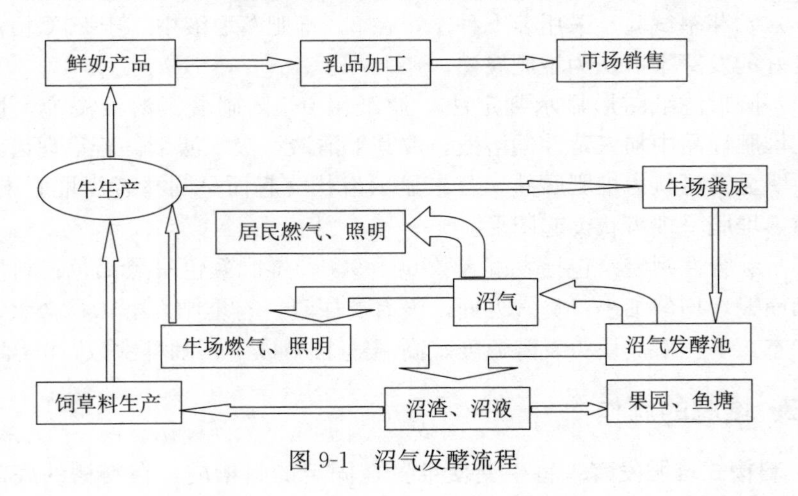

图9-1　沼气发酵流程

第三节　利用牛粪培育食用菌技术

一、用牛粪作主料栽培双孢菇技术

1. 栽培季节 双孢菇发菌适宜温度为22～25℃，出菇适温为14～20℃，喜冷凉型气候。春、秋季适宜栽培。

2. 建造菇棚 双孢菇棚室对场地要求不严，房前屋后、村边地头均可建棚，而且棚的大小还可视场地条件而定。一般棚向以东西为宜，地下深挖80～

100cm，墙高100cm，棚内用木棍或竹片搭起3～4层菇床架（上下间距50cm）。菇床共设三排，两侧床宽均为100cm，中间床宽200cm，两边各留一个50cm宽的走道。用竹片搭起棚架，盖上塑料薄膜，膜上加盖麦秸或玉米秸等，以免阳光直射。棚室两头各留一通风口，一端留门，两走道上方每隔3～3.5m设一排气孔。这样既利于保温、保湿，又可灵活掌握通风换气。

3. 牛粪的准备　种植双孢菇用的牛粪以干牛粪为好，堆放粪便的地方为水泥地面，向外倾斜，外侧开沟以便清理牛舍的时候让牛粪和牛尿初步分离，牛粪成堆，牛尿流向沼气池。牛粪堆放沥水后，及时拉到晒粪场晾晒。晒粪场没有特别的设施要求，通风向阳的空地即可。根据场地大小，将湿牛粪摊开，厚度适当，让其自然晒干呈牛粪饼。注意晾晒时不要随意翻动，越翻动越不容易晒干，最后即使晒干也是粉状而不便储存。

4. 培养料的配制

（1）配方1　按100m^{2}菇床计，小麦秸1 600kg、干牛粪1 200kg、麻渣150kg、过磷酸钙55kg、石灰粉75kg、石膏粉75kg、尿素15kg。

（2）配方2　按100m^{2}菇床计，稻草1 400kg、干牛粪1 200kg、豆饼粉100kg、尿素17kg、碳酸氢铵10kg、过磷酸钙25kg、石膏粉30kg、石灰粉26kg。

5. 堆制发酵

（1）选址　堆料场地应选择地势较高，离菇房和水源较近的地方。料堆一般为南北走向，日照均匀，有利于发酵。

（2）稻草、麦秸的预湿　先把稻草、麦秸切成15～30cm长，浸入水中10min左右捞出，堆放1～2d，每天在表面喷水2次。然后把预湿稻草铺1层在地上，宽约1.8m，厚约30cm，长度不限。然后在稻草的表面撒一些石灰粉，用水喷淋1次，使石灰粉渗入稻草内，再撒上少量的碳酸氢铵，然后再铺上1层30cm厚的稻草，如此类推铺成高约1.5m的草堆，堆期3d。

（3）建堆发酵　建堆前1d将牛粪粉碎过筛后与豆饼粉或麻渣混合，然后用1%的石灰水调湿，含水量为手握料指缝间有水滴2～3滴即可，用薄膜盖好预酵备用。再把过磷酸钙、尿素、石膏粉等混合均匀，然后与预湿好的牛粪、饼肥等充分混合，配成混合料。

首先在堆料场上铺1层宽约1.8m、厚约30cm的稻草，然后在料面上撒1层牛粪、饼肥及化肥的混合料，依此类推，反复往上垛。从第2层开始可适当喷水，一般下层少喷，往上逐渐多喷，但不能底水溢出，以防养分流失。最后在料面上用粪肥等混合物把稻草盖严。前1～2d可以薄膜覆盖，以后改用草苫。为保持料面湿润，每天可在草苫表面喷淋清水1～2次。但堆底边缘不能有水流出。

（4）翻堆　若堆温正常，可按 5d、4d、3d、3d 间隔天数进行翻堆，第 4 次翻堆时加石灰水调节 pH 为 7.5～7.8，并将水分调节到以挤出 1～2 滴水为宜。

（5）后发酵　室外堆制发酵结束后，趁热把料搬入菇棚内床架上，均匀堆放，厚度 50～60cm。堆放时要求把培养料拌匀，抖松，堆成拱顶面。然后用黑色膜把盛料床架围在一起，关闭通风口，使堆温自然发酵上升，到 60℃时维持 8h 进行巴氏消毒，若次日达不到 60℃应生炉加温，灭菌后开始通风，使温度降到 48～52℃，再发酵 4d，到培养料没有氨味时整床、播种。

（6）发酵标准　堆制全过程约需 25d。应达到如下标准：培养料的水分控制在 65%～70%（手紧握麦秸有水滴浸出而不下落），外观呈深咖啡色，无粪臭和氨气味，麦秸或稻草扁平柔软易折断，草粪混合均匀，松散，细碎，无结块。

6. 铺料播种　培养料发酵完成后，即可进行铺料，先在棚内菇床上铺一层 3cm 厚的新鲜麦秸，再将发酵好的培养料均匀地铺到菇床上，厚度一般 18～20cm 为宜。如培养料偏干，可适当喷洒冷开水调制的石灰水，并再翻一次料；如料偏湿，可将料抖松后加大通风，使培养料的含水量为 65%左右，pH7.0～7.6。

然后按每立方米空间用高锰酸钾 10g 加甲醛 20mL 熏蒸消毒，24h 后打开门窗通风换气。保持菇棚湿度，当料温降到 28℃以下时即可播种，每平方米用 500mL 瓶装的菌种一瓶。适当增加播种量可使发菌快，不污染，出菇早，产量高。将菌种均匀地撒在料面上，轻轻压实打平，使菌种沉入料内 2cm 左右为宜。也可把 2/3 的菌种撒在料面上、翻入料的一半深处，再将料面整齐、整匀，余下的 1/3 撒在料面上，用板轻轻压平，松紧适度。

7. 覆土与催菇管理　播种后 3d 内适当关闭门窗，保持空气湿度 80%左右，以促使菌种萌发。注意棚内温度不能超过 30℃，否则应在夜间适当通风降温。播种后 15d 左右，当菌丝基本长满料层时进行覆土（当菌丝长入料内 2/3 时即可覆土）。

选择吸水性好，具有团粒结构、孔隙多、湿而不粘、干而不散的土壤为佳，每 100m 菇床约需 2.5m^2 的土。在覆土前挖掉地表约 20cm，然后把土放在阳光下晒几天，打碎、过筛后加入少许新鲜砻糠（用量 3kg/m^2，砻糠用 3%～5%的石灰水浸泡 2d 后沥干备用）拌匀，用石灰水调整 pH 为 8.0（或先拌入 1.5%～2%的石灰粉，再用 5%的甲醛水溶液将土渗透，待手抓不粘、抓起成团、撒下就散时进行覆盖），覆土厚度一般为 2.5～3cm。覆土后调节水分，使土层含水量保持在 20%左右。覆土后的空间湿度应保持在 80%～90%，温度 13～20℃（最佳温度 15～18℃）。应视土层干湿状况适时喷水，严格控制温、湿度是双孢菇优质高产的关键。

覆土后的5～7d以少通风为主、适当通风换气为辅，促使料中菌丝尽快爬入土层，5d后通风量逐渐增大。经过15d左右，当菌丝串土到覆土层2/3并且土层中有大量菌丝出现时，要及时加大通风量，将棚温调到15～18℃，料温降到15～19℃，同时在大通风1～2d后，喷一些结菇水，喷到土粒捏得扁、搓得圆、不粘手为宜。然后再大通风1～2d，再转入小通风，以促进原基和菇蕾形成，这样经3～5d便可在表土下0.5～1.0cm的位置上形成米粒、绿豆大小的子实体幼蕾。

8. 出菇管理　菇棚内温度控制在14～18℃，湿度为85%～90%，喷水时要做好勤喷、少喷。当菇盖直径长至3～4cm时应及时采收。若采收过晚会使品质变劣，并且抑制下批小菇的生长。采摘时，用手指捏住菇盖，轻轻转动采下，用小刀切去带泥根部，注意切口要平整。

采收一二潮菇时，应用先捺后旋再提起的采摘方法，不要带动菇周围小菇和菌丝，三潮菇后，特别是五六潮菇，应采用拔起的方法，以利于拔掉老化菌索。当采完一潮菇后，应及时整理床面，剔除菇脚和老菇根，并用粒土性细土将空穴填平，并及时喷打转潮水，为生产下一潮菇提供水分需要。

9. 菇棚的越冬管理　由于秋菇管理的不同，秋菇结束时的菌床好坏自然也不尽相同。菌丝较好的菇棚，应把土层中发黄的老根和死菇等剔除干净，再用两齿耙从土面向底轻轻地稍微撬动一下，以增加料层的透气性，排除料中不良气体，进入新鲜空气，复壮菌丝，然后补上新土，整平土面，追补1次营养水。菌丝属于次等状态的，应采用修复术。一旦结束秋菇，趁气温不太低时，及时将变黑的有杂菌的料层清除掉，并喷些蘑菇健壮素1号溶液或其他追肥液（土豆煮出液加食用菌营养液），再重新覆上新土，然后补充水分，可以比覆土时稍干一点。让菌丝得到恢复生长，并爬入土层，以便于春菇生长。在越冬期间，床面上基本不喷水，只要不发白即可。同时通风口不要全部堵死，在中午前后高温时，可打开通风口进行通风换气，至少每10d通1次风。

10. 春菇棚管理　从3月上中旬便进入春菇管理，春菇生长管理中，一般3月上中旬侧重于增温管理；3月下旬至4月初侧重于追肥和调水管理；4月中旬至5月上旬进入盛产期，应侧重于通风换气，适度调节水分，以利于减少病害增产增值；一旦进入5月，气温升高，应侧重于降温、通风换气、增加喷水量；进入5月下旬，应及时泼浇结菇水，为草菇的栽培做好准备。

二、草菇的栽培技术要点

1. 栽培季节与菇房准备　夏季适宜栽培草菇。时间一般从6月初备料建堆发酵，至8月中旬可收菇完毕。在栽培前要对菇房进行严格消毒，把床架拆洗干净，经曝晒后，再用波尔多液消毒。菇房按每立方米空间用36%甲醛17mL加等量水，再加14g高锰酸钾进行密闭熏蒸消毒。

2. 培养料的配制、发酵 培养料以稻草和牛粪为主，按干稻草70%、粉碎的干牛粪20%、米糠5%、磷肥1%、石膏粉1%、草木灰1%、生石灰2%的比例备料。将稻草切成2～3cm的小段，切碎的稻草用浓度3%的石灰水浸泡24h，使吃透水变软，捞起沥干后与其他培养料制作成宽1.5m、高1m、长度不限的料堆。具体操作为先铺20cm厚稻草，然后撒上牛粪（牛粪粉要提前3d预湿）、米糠、磷肥、石膏粉、草木灰等混合成的辅料，这样一层稻草一层辅料，一直到建好堆。3d后进行翻堆，翻堆时要把辅料与稻草混合均匀，并用石灰水调节pH7～8为宜。再过2d即可将培养料搬进菇房床架上进行后发酵。按料块栽培的技术要求，制作数个长40cm、高18cm的正方形木框，在木框上放1张薄膜（150cm×150cm），薄膜中间每隔20cm打一个10cm大的洞，以利通水通风。向木框内装入培养料，压实后盖好薄膜，提起木框，便做成了草料块。然后半闭菇棚通风口，利用太阳辐射热和堆温使菇棚温度上升到60℃，维持10h后通风降温，并在棚顶加盖遮阳物使棚内堆温降到48～52℃，维持1～2d。

3. 播种栽培 待料温稳定在38℃以下时进行播种，播种以500g/m² 菌种。接种时先把面上薄膜打开，用撒播法播种，播种后马上盖回薄膜。播种3～4d，菌丝恢复正常生长后，掀开面上薄膜，在料面上均匀地撒上一层火烧土或肥土，厚约1cm，并适量喷1%石灰水，保持料面湿润，空气湿度85%～95%、温度35℃左右进行发菌。若棚内温度升高，需在棚顶覆盖物上喷水降温，保证不超过39℃；若料内水分不足，可喷洒石灰水补充。经过9d左右菌丝便会长满培养料，开始萌现幼菇。

4. 出菇管理与采收 出现针头大小的幼菇后，应注意保温保湿，并适当通风透气。维持料温33～35℃、空气相对湿度90%左右，并保持一定的散射光。幼菇期不能直接向菇体喷水，随着菇体长大，为保持湿度，可每天在空中喷雾2次，向菇床喷水时要使水温与床温相近，并尽量不要直接喷到菇体上，到草菇伸长及时采收，第一潮菇采收后，停止喷水3d，第4天喷重水，为第二潮菇提供充足的水分。经过3个潮次就基本出菇完毕，便可出料，准备双孢菇生产。

第十章

影响牛场养殖效益的重要指标

在规模化牛场的生产管理中，牛场生产计划包括中长期育种规划、配种繁殖计划、牛群周转计划、饲料供应计划、产奶计划等。牛场核心的技术参数和各类牛群结构及牛群周转计划，不仅影响正常的饲养管理，而且直接影响到规模化牛场的养殖效益。其中，牛配种繁殖计划通过合理组织配种，减少空怀不孕是牛场生产计划的基础，是制订牛群周转计划、实现牛群合理结构的重要依据。同时，由于繁殖与产犊间隔、干乳期长短、受胎率、初产年龄等有关，这些因素对牛养殖业的盈利均产生影响，而且繁殖效率低容易造成较大的经济损失。

第一节　繁殖管理技术指标

繁殖是牛生产的关键环节，繁殖性能降低会使母牛一生总产奶量减少、怀孕所需成本增加、产犊头数减少，是影响养殖效益的重要因素。所以繁殖水平达到高水平，才能提高牛产奶量和生产性能，使牛养殖获得更好效益。

一、牛初次配种要求

青年牛初配年龄16～18月龄或体重达到350kg以上才能进行配种。开配过早，体重过小，常造成头胎难产，而助产易造成产道损伤、阴户撕裂，继发产后疾病，不仅影响下一胎的正常繁殖，使空怀时间长达数月，而且影响本身的生长发育和产奶性能。配种较晚则延长饲养周期，增加饲养成本。牛的适时配种，可以使母牛及时受孕，提高繁殖率，还可发挥牛的产奶潜力。

二、情期受胎率

情期受胎率（%）＝受胎母牛头数/情期发情配种母牛头数×100%

母牛产犊后第一次发情平均天数应在30d左右，达到第一次配种的要求，成母牛第一情期受胎率60%以上，青年牛第一情期受胎率95%，全群年总第一情期受胎率75%以上，怀孕所需配种次数2次。舍饲圈养牛由于运动量有限，牛发情不明显，配种时间不宜掌握，从而影响受胎率。这种情况不仅使产犊间隔延长，而且每推后一个情期，就会损失28d的产奶量。

三、年总受胎率

牛群年总受胎率94%以上。要求头胎母牛受胎率在99%，经产母牛在90%以上，空怀100d以上的母牛少于10%。

年总受胎率（%）=年受胎母牛头数/年受配母牛数×100%

年受配母牛数为期初18个月龄以上母牛，加上期初未满18个月龄但参加配种的牛，再加上不正常产后（指早产、流产等）又配上的牛，减去配后2个月内出群未孕牛。母牛产后因疾病或配种技术等问题，导致不能及时配种、受胎，将大大延长受胎前的平均空怀天数，使产犊间隔延长。

四、产犊间隔

产犊间隔是指母牛连续2次产犊的时间间隔，牛平均产犊间隔约395d。牛产犊间隔由产后空怀天数和怀孕期所组成，由于母牛的怀孕期相对稳定，所以决定产犊间隔的长短就是产后空怀天数，而产后不发情或发情时间推迟是导致母牛怀孕时间延长和繁殖水平下降的主要原因。适当运用激素分类治疗，促进生殖技能恢复，缩短产后发情期，及时诱导空怀母牛发情，然后及时配种。缩短产犊间隔不仅可以提高繁殖率，而且可以提高产奶量，从而增加经济效益。

五、年繁殖率

年繁殖率（%）=实际繁殖母牛头数/适繁母牛头数×100%

适繁母牛头数是年内参加配种应在年内分娩的母牛头数和在上年配种应在当年分娩的母牛头数总数。繁殖水平高的牛场平均繁殖率在90%左右，全年怀胎母牛流产率不超过5%。

六、淘汰率

淘汰率是非常重要的技术参数，也是规模化牛场经营者往往忽略的一个技术参数。对于那些不能生产、生产力低下、老弱病残的牛必须及时淘汰，及时补群，确保牛正常生产水平充分发挥，降低生产成本支出，提高养殖效益。

（1）牛场全年总淘汰率在15%。

（2）成母牛全年淘汰率在8%左右，牛群包括以下两部分：体弱多病、丧失治疗价值的牛和生产力水平低下、全年产奶总量低于其创造的经济价值的牛。

（3）青年牛全年淘汰率在2%左右。

（4）犊牛全年淘汰率在5%左右。

第二节　牛群合理结构

牛饲养阶段的划分，将牛分为犊牛、育成牛、青年牛和成母牛4个群体。牛群结构计算是通过确定牛场各阶段牛群饲养的头数，将各群牛饲养头数相加，得到牛场总存栏母牛头数，再用各群中饲养的牛头数除以总存栏母牛头数，乘以100%，即可得到各群中饲养的牛头数占总存栏母牛头数的百分比，即牛群结构。

1. 犊牛　留作后备母牛的犊牛群占整个牛群的9%。

2. 育成牛　大育成牛群即9月龄到初配的牛，占整个牛群的9%。小育成牛群即3～9月龄的牛，占整个牛群的9%。

3. 青年牛　青年牛群即初配到初产的牛，占整个牛群的13%。

4. 成母牛　成母牛群占整个牛群的60%，包括产奶牛群、干奶牛群、待产牛群。这些牛群是牛场的核心，直接关系到一个牛场的经济效益。在成母牛群中，一般情况下，1～2胎母牛占牛群总数的40%，3～5胎母牛占牛群总数的40%，6胎以上的占20%。成母牛平均胎次5胎为最佳，经济效益最好。因为牛3～4胎是一生中的泌乳高峰期，也是经济效益最高期。

第三节　牛群周转计划

牛群周转计划是编制饲料供应技术、劳动力需要计划、基本建设计划的依据，编制牛群周转计划常需要掌握如下信息。

1. 计划年初各种牛存栏数　根据牛群理想结构，各年龄段牛群的占群比例，确定年初各牛群存栏数和计划年终应达的存栏数。

2. 计划年淘汰牛头数　根据牛场全年总淘汰率，计划全年需要淘汰各年龄段的牛群数量。

3. 计划出售的犊公牛头数或青年牛头数　依据上述资料和牛群交配分娩计划、牛群理想结构，同时结合市场发展趋势或牛场的扩群计划，即可编制一个较长时间的周转计划，通常包括计划期内各年度犊牛、小育成牛、大育成牛、青年牛、成母牛的年初头数、淘汰数、转出转入数、死亡数、年末头数等。

第四节　提高养殖经济效益的措施

虽然我国幅员辽阔，资源丰富，畜牧业发展潜力很大；特别是近些年新疆肉牛产业呈现出突飞猛进的势头；但实际生产水平距发达国家还有一段距离，牛经济效益相对较低。因此，为提高牛经济效益应做好以下几点。

一、选种方面

1. 选用优质精液　畜牧业生产和农业生产一样，只要有了良种，即可获得较多的畜产品，甚至可提高产量的10%～20%；因此，应充分选用良种公牛的精液配种。品质优良的精液是保证母牛受胎的重要条件，同时也对后代群体的经济性状具有较大影响。人们常说“母牛好、好一窝，公牛好、好一坡”。故母牛发情配种时，应避免不合乎标准的精液用于输精；并使用良种公牛冻精配种，且冷冻精液解冻后精液活力应不低于0.3。这是提高牛遗传育种的主要措施，牛场应给予高度重视，不可忽视。

2. 选留优良个体　现代化畜牧业的一个重要标志，就是以最少的饲料消耗获得最多的畜牧产品和最大的经济效益。在我国牛产业不够发达、牛数量少的情况下，要发展牛数量，更要高度重视牛质量。数量必须以一定的质量为前提，没有好的质量，数量往往失去其意义。

二、繁殖方面

1. 做好发情鉴定并适时输精　准确的发情鉴定是掌握适时输精的前提，同时也是提高牛繁殖力以及经济效益的重要环节。牛发情时外部表现比较明显、具有规律性，并且发情持续期较短，因此输精应尽早进行。生产中如果牛早上发情，当日下午或傍晚第一次输精，次日早第2次输精；下午或晚上发情，次日早进行输精，次日下午或傍晚再输精1次。由于初配母牛发情持续期稍长，输精过早使受胎率降低，通常在发情后20h左右开始输精。但应注意在第2次输精前，最好检查一下卵泡，如已排卵，则不必再输精。

2. 输精枪、精液以及操作人员的安全卫生　输精前，输精枪、操作人员应做到严格消毒，且输精枪用稀释液冲洗后才能使用，避免因消毒不严格造成对牛的损害。建议使用国产一次性套管式输精枪，每头牛用一只塑料套管，这不但可避免子宫炎、阴道滴虫等疾病的交叉感染，而且还可杜绝健康牛被感染的现象发生。

3. 及时淘汰有遗传缺陷的牛　要注意淘汰长期屡配不孕和患慢性疾病的母牛。某些屡配不孕、习惯性流产或胚胎死亡及出生仔畜生活力降低等具有遗传缺陷的母牛，应及早淘汰。

4. 缩短产犊间隔　牛繁殖质量与饲养牛的经济效益密切相关。牛繁殖最关键的指标是产后平均空腹天数（即产犊间隔）。经营管理好的牛场，牛的产犊间隔应在390d左右，但在多数牛场都达不到这一指标。产后乏情和情期受胎率低是母牛产犊间隔过长的两大决定因素，也是制约牛经济效益的关键问题。合理利用药物治疗牛产科疾病是提高受胎率的重要手段，科学运用激素辅助受精是提高受精率的有效方法，缩短乏情期是获得适宜产犊间隔的重要措施。

5. 健康犊牛是高产牛的根本　犊牛出生5～7d后，可对其进行诱导采食，使之熟悉开食料的口感；到8d时，开始正式饲喂开食料，并遵循犊牛多吃100g料，减掉0.5kg奶的原则。从100g开始喂，每天加25g，当犊牛可以采食到0.8～1kg（42～45d）时即可断奶；断奶后，每天坚持加50g料，连加10d；当每天的采食量达到1.25～1.5kg时坚持这个饲喂量喂到90日龄。同时当15d时，采食粗饲料，从而促进牛瘤胃发育，这样每头犊牛不但可以节省近500元乳汁钱，同时也为以后高产做好了准备。

三、饲料营养

在生产成本中，饲料费用占总成本的一半以上，让牛采食价格低廉而质量较好的青粗饲料能显著降低饲养成本。有计划的饲养管理可以降低成本，节省费用。因此，提高产量和质量，加强管理，挖掘增产潜力，降低饲养成本是提高经济效益的有效途径。

1. 合理配制日粮　精饲料是直接影响成年牛饲养成本的主要因素。精料的营养水平和投入量应根据当时的日粮结构、牛泌乳期、资金运作、季节等而定，当日粮组成趋于合理，既能满足牛的生理需要又不浪费时，就能获得最佳的经济效益。

（1）掌握好饲料的供应动态，灵活运用平衡牛营养需要的基本原则，适当搭配饲料，合理供给，就能使生产向高产、优质、高效的方向发展。养牛要有良好的经济效益，必须充分利用饲料和辅助性饲料，减少精饲料的消耗，以降低鲜奶的单位成本。辅助性饲料是指非营养性添加剂，其作用是：保护饲料营养成分不受破坏，提高饲料利用率，促进生长，控制病原性感染，改善牛健康状况，增强抵抗力，充分发挥其生产性能。非营养性添加剂包括抗生素、防霉剂、抗氧化剂、缓冲剂。盲目地增加精饲料喂量，精饲料在日粮中的比例超过60%，不仅增加了牛奶成本，而且会使牛机体发生障碍，出现机体代谢紊乱，导致疾病发生。因此，在日常牛饲料供应中，可大量使用粗料，适当搭配精料和辅料，保持三者在牛日粮中比例的平衡，就可使总饲养成本处于最低水平。

（2）产奶牛群年单产量的高低不同，其日粮的组成和饲养成本也不一样。年单产在5 000kg以下的低产牛群，一般可充分利用粗饲料如青贮的秸秆、青草和各种干草，加入极少量的精饲料就能满足牛的营养需要。随着年单产的增长，所用精饲料的质量和数量都应有所提高，当然饲养成本也随之增加。合理的投入，饲养成本虽然递增，但是奶产量却是相当可观的。

（3）在牛生产中，应根据一年中不同的季节来改变日粮结构。一般5～8月饲草丰富，青草适口性好、营养丰富，采食青草再补充适当精料，就能满足牛的营养需要。夏季和秋季是牛产奶多、饲料费用低、投入产出效率最好的季节。

（4）在不同的牛群（高产、中产、低产），不同的泌乳阶段（前期、中期、后期），选用恰当的日粮结构从而降低饲料费用，就可体现牛泌乳期在高产状态下的最低饲养成本。

2. 抓好饲料来源 饲料是养好牛、多产奶的物质基础，饲料费用一般占牛场总生产费用65%～68%。因此，必须大力发展人工草（地）场，种植优质饲草，做到“养牛先种草”“一手抓饲养，一手抓草料种植”。合理利用青粗饲料，把牛养好，是降低生产成本的基本措施。牛日粮要求饲料种类多、营养全和适口性好，包括青、粗、精、矿物质和添加剂等，力争保证饲料营养均衡供应。青料、干草、青贮料、块根（茎）类和糟渣类基础料，其摄取量应占日粮干物质的60%～70%。精料视产乳量而定，一般除维持饲养用料外，按每产3kg奶加投喂精料1kg。

四、饲养管理

1. 育成期饲养管理 后备牛是高产牛的基础，育成牛是高产牛的源泉。育成牛生长缓慢，就相对缩短了其终生的产奶期，创造的利润也低。但过早配种会严重影响牛的发育，而牛配种晚、投产月龄大则难产率高、产奶量低、奶品质差。因此，育成牛可以利用快速生长期，通过调整日粮来提高其生长速度。这样可以使生长快、配种早的育成牛投产月龄缩短，从而便减少了育成牛的饲养费用。

2. 干乳期饲养管理 这一阶段对于下一产奶期高产非常重要，应注意消毒、按摩牛乳房，加强牛运动并刷拭牛体。母牛在30d中要经历3个不同的生理阶段（干奶-分娩-泌乳），而且疾病多发生于干奶后期和泌乳早期。为提高牛奶产量，在向高营养日粮过渡时应加强牛的饲养管理。因此，应注意日粮组成与产后泌乳饲料的衔接，以便维持微生物区系的稳定。

3. 产奶期饲养管理 母牛分娩后应饮温麸皮食盐水，并使其尽快站立行走，同时按摩乳房并清洗子宫，防止产后乏情。

4. 保持良好的健康状况　据报道：患乳腺炎的牛年单产牛奶比正常牛减少400kg左右，临床乳腺炎奶无法出售。另外，患了乳腺炎后，因乳腺细胞损伤，其乳区奶量至少下降5%，炎症严重者，会造成乳区丧失泌乳能力。生殖器官疾病的危害也很大，如不及时治疗，会造成牛难孕和不孕，导致低产，形成明显的投入产出不合理。由此可见，尽可能减少疾病的发生，可以相应地降低饲养成本。

在饲养管理上，要从当前着眼，要在现有牛群中严格淘汰低产母牛。采食饲料总量和消化率不变时，维持饲料愈多，生产饲料就愈少；反之，维持饲料愈少，生产饲料就愈多。由于饲养低产牛饲料报酬低，生产成本高，经济效益差，这是已被实践证明的结论；因此，凡泌乳牛产奶量低于平均产奶量10%以上或初产母牛低于成年母牛平均产奶量30%以上的都应予以淘汰。

总之，应认真分析原因，有针对性地解决生产中存在的问题，通过有效的治疗措施和科学的饲养管理，才能真正做到经济效益的提高。

参 考 文 献

安永福，2004. 肉牛家庭养殖技术［M］. 北京：中国农业大学出版社.
包牧仁，戴广宇，王维，等，2017. 中国西门塔尔牛（草原类群）肉用品系选育与研究应用［J］. 中国牛业科学，43（2）：33-38.
陈幼春，2007. 西门塔尔牛的中国化［M］. 北京：中国农业科学技术出版社.
方晓敏，许尚忠，张英汉，2002. 我国新的牛种资源——中国西门塔尔牛［J］. 黄牛杂志（5）：67-69.
冯静，锡文林，冯克明，等，2012. 西门塔尔牛对中国西部地区本地黄牛的改良效果［J］. 新疆畜牧业（8）：36-38.
姜海春，罗生金，2020. 西门塔尔牛杂交改良巴里坤县本地牛效果观察［J］. 中国牛业科学，46（3）：19-21.
蒋曙光，2016. 奶牛标准化规模养殖实用技术［M］. 乌鲁木齐：新疆科学技术出版社.
刘晓牧，吴乃科，宋恩亮，等，2002. 不同杂交组合肉牛生长发育及饲料报酬比较［J］. 山东农业科学（5）：10-12.
罗晓瑜，刘长春，2013. 肉牛养殖主推技术［M］. 北京：中国农业科学技术出版社.
毛华明，卢昭芬，柳丽荣，等，2002. 杂交优质肉牛屠宰测定［J］. 黄牛杂志，28（4）：14-16.
米占锋，2013. 西杂牛乳用性能的开发利用［J］. 畜牧兽医杂志（3）：61-62.
全国畜牧总站，2012. 肉牛标准化养殖技术图册［M］. 北京：中国农业科学技术出版社.
宋恩亮，李俊雅，2012. 肉牛标准化生产技术参数手册［M］. 北京：金盾出版社.
王向林，蔡文杰，孙鏖，等，2019. 西门塔尔牛与湘西黄牛、湘南黄牛杂交效果比较研究［J］. 湖南畜牧兽医（2）：1-2.
王志刚，常瑶，邱小田，等，2017. 德系西门塔尔牛与荷斯坦牛杂交效果分析［J］. 中国奶牛（12）：26-30.
王志耕，梅林，钱东方，等，2002. 西门塔尔杂交黄牛奶品质研究［J］. 黄牛杂志，28（5）：3-6.
夏德克·尼斯别克，2019. 西门塔尔牛与新疆黄牛品种改良特性研究［J］. 畜牧兽医科学（电子版）（7）：9，156.
许斌，2016. 肉牛标准化规模养殖实用技术［M］. 乌鲁木齐：新疆科学技术出版社.
杨博华，张家强，朱重师，等，2019. 西门塔尔牛 TMR 饲喂与传统饲喂比较［J］. 中国牛业科学，45（5）：42-45.
杨光鹏，兰欣怡，2019. 西门塔尔牛育种技术的研究进展及应用［J］. 中国乳业（9）：51-58.
原积友，2004. 肉牛高效养殖技术［M］. 北京：中国农业大学出版社.
张怀成，张新波，赵方明，等，2005. 用荷斯坦牛群改良良当地西杂牛的试验与推广［J］.

黄牛杂志，31（1）：71-72.

张明，2016. 安格斯与西门塔尔牛杂交一代育肥性能及肉品质研究［D］. 兰州：甘肃农业大学.

张鸣实，2002. 杂交方式对肉牛产肉性能影响［J］. 黄牛杂志，28（2）：7-8，32.

张淑二，刘明丽，朱应民，等，2018. 德系西门塔尔牛与荷斯坦牛及其杂种后代育肥及屠宰性能研究［J］. 中国畜牧杂志，54（12）：58-61.

张喜忠，李军，杨效民，等，2007. 红色荷斯坦牛与西改牛杂交一代产奶性能的研究［J］. 中国奶牛（10）：32-33.

赵陈霞，吴镜，2018. 不同年龄西门塔尔牛和新疆土杂牛的后代育肥性能研究［J］. 新疆畜牧业，33（11）：26-28.

周宝林，2019. 西门塔尔牛改良宕昌本地黄牛 F1 的生长发育性能测定［J］. 中国牛业科学，45（1）：7-9，13.

朱化彬，石有龙，王志刚，2018. 牛繁殖技能手册［M］. 北京：中国农业出版社.

朱义忠，褚洪忠，佘明江，等，2018. 伊犁州引进德系西门塔尔牛冻精改良本地牛效果观察［J］. 新疆畜牧业（4）：18-20.

中国西门塔尔牛公牛

中国西门塔尔牛母牛

犊牛分栏圈

初生犊牛单栏（犊牛岛）饲养

断奶犊牛分群饲养

犊牛圈舍

干净卫生的犊牛圈舍

断奶犊牛饲喂

后备公牛群

高床犊牛栏

后备牛群

后备母牛

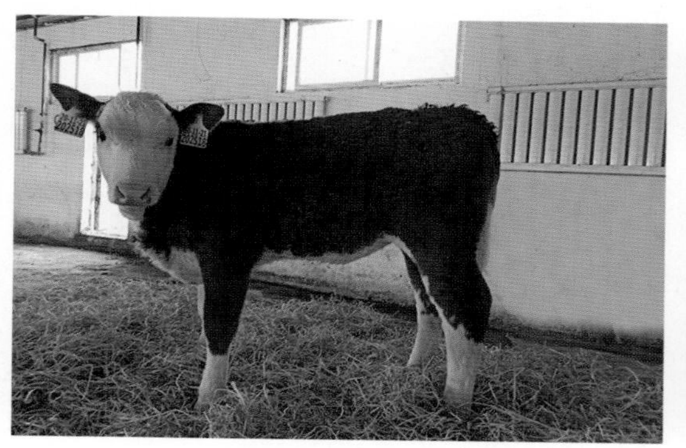

勤换犊牛垫草

母牛圈

饲喂优质饲料

饲喂通道

运动场

育肥圈舍

推车式挤奶机

管道式挤奶机

转盘式挤奶机

中置式挤奶机

鱼骨式挤奶机

并列式挤奶机